LA VAPEUR & LES GAZ

In-8° 3ᵐᵉ Série.

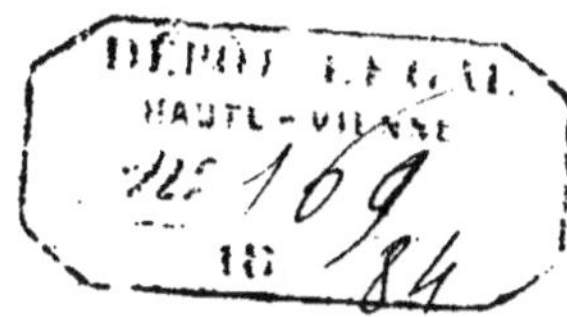

Les Aérostats.

La Science populaire simplifiée

LA VAPEUR
ET LES GAZ

PAR

ÉMILE CAMPAGNE

LIMOGES

MARC BARBOU ET Cⁱᵉ, IMPRIMEURS-LIBRAIRES

Rue Puy-Vieille-Monnaie

1884

LA VAPEUR

ET LES GAZ

VII

LA VAPEUR ET LES GAZ

L'eau est dilatée et réduite en vapeur et en gaz par le calorique.

Si on l'expose au feu dans des vases ouverts, elle se dilate jusqu'à ce qu'elle ait pris le mouvement de l'ébullition ; alors elle cesse d'acquérir plus de volume et de s'échauffer, quoique on augmente le feu ; mais elle se volatilise ; elle se réduit en fluide connu sous le nom de *vapeur*.

Ce degré de chaleur que reçoit l'eau, à l'air

libre, est en raison de la pesanteur de l'atmosphère. Il est moindre lorsque l'air qui pèse sur
l'eau est plus raréfié ; il est plus fort lorsque cet
air est plus condensé ; sur le sommet très élevé
d'une montagne, l'eau chargée d'une colonne
d'air plus courte, moins pesante, bout plus facilement qu'au pied de cette même montagne ;
elle a besoin d'un mouvement igné moins considérable pour être soulevée.

Chauffée dans un alambic, ses vapeurs refroi-
dies se condensent et forment l'eau distillée.

Si on l'expose au feu dans des vaisseaux fer-
més, elle y prend un degré de chaleur indéter-
miné et sa vapeur occupe un espace quatorze
mille fois plus considérable que celui qu'elle
occupait sous la forme de liquide.

Le fluide aériforme dans lequel elle est changée, est prodigieusement élastique et compres-
sible ; son ressort est même plus puissant que
celui de l'air ; on le met à profit dans la *machine à vapeur*, dont nous expliquerons le jeu
plus loin.

C'est à sa dilatabilité qu'on doit attribuer les
pétillements d'une friture, le fracas horrible
que fait un métal fondu en entrant dans les
formes qui n'ont pas été séchées avec soin.

C'est à la même cause qu'on doit attribuer

le bruit du tonnerre et principalement les ex-

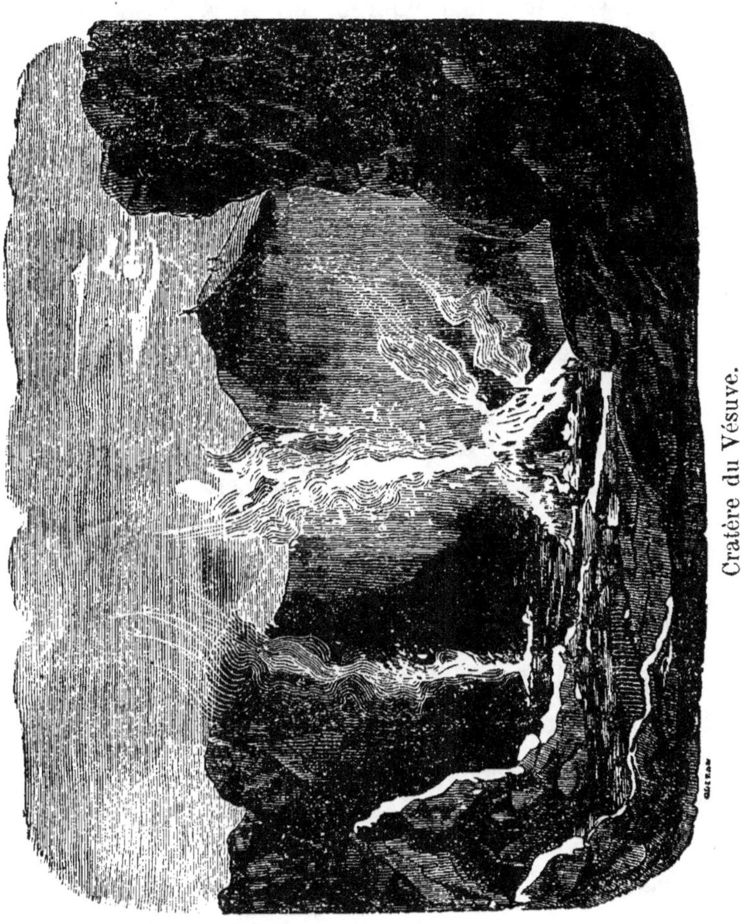

Cratère du Vésuve.

plosions terribles des volcans. Le feu de ces
fourneaux énormes une fois allumé, brûlerait

1.

avec tranquillité, si l'eau ne venait point troubler son action modérée ; elle arrive au foyer ardent, elle s'y réduit en vapeurs, alors toutes les matières en fusion sont soulevées, sont lancées hors du cratère avec d'autant plus de violence qu'elles trouvent plus de résistance au passage.

L'eau pour être réduite en vapeurs, n'a pas toujours besoin du feu de nos fourneaux, ou de celui des volcans.

La nature fait en grand cette opération par le concours de la chaleur de l'atmosphère et par ce moyen elle fournit, ainsi que nous l'avons déjà vu, la source de nos rivières, par le moyen des glaces éternelles qui sont le réfrigérant du grand alambic de la nature.

L'air, en effet, joue dans cette occasion le rôle des dissolvants ; comme eux il se sature d'eau ; comme certain d'entre eux il laisse précipiter la substance qu'il a dissoute ; de là les pluies, la rosée, les brouillards, la neige, la grêle, qui, tombant sur la terre, y forment les sources, les rivières, les fleuves dont les eaux vont se rendre à la mer pour y souffrir la même évaporation, et donner de nouveau naissance aux mêmes météores.

De sorte que par une circulation continuelle,

l'eau passe de la mer dans l'air, de l'air sur la terre, et de la terre à la mer. Cette circulation, admise comme la cause unique de l'existence des eaux courantes, on n'est point en peine d'expliquer comment les eaux sont douces, quoiqu'elles viennent originairement de la mer. L'eau, dans son évaporation, n'a pas la faculté d'entraîner les sels. Disons en passant pour être complet, qu'il en est de même dans sa congélation : la glace de l'eau de la mer est de l'eau douce ; les marins le savent bien.

On explique aussi facilement pourquoi les sources se trouvent plus communément qu'ailleurs au pieds des montagnes. Ces grandes masses s'élèvent dans l'atmosphère, arrêtent les nuages, présentent plus de surface aux pluies et aux brouillards, se couvrent de neige ; toutes ces eaux, en pénétrant insensiblement les montagnes, produisent au bas des écoulements perpétuels.

L'eau a bien la propriété d'éteindre le feu ; mais dans un foyer trop ardent, elle se convertit en vapeur et elle a ainsi la faculté de l'entretenir et d'augmenter l'action de l'air avec lequel elle se trouve mêlée.

Nous l'avons déjà dit ; l'eau entre comme

partie constituante dans presque tous les corps
de la nature, surtout dans les végétaux et les

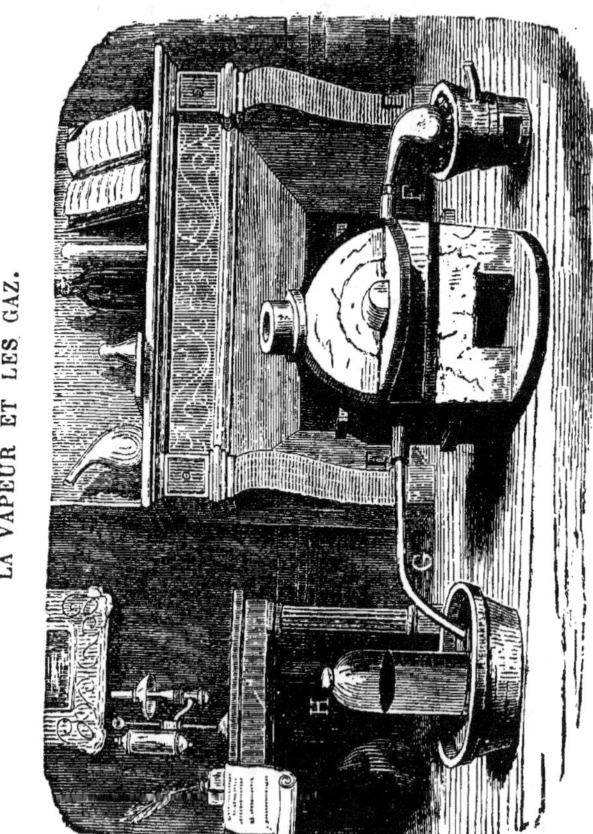

animaux. Le sang, la sève, toutes les liqueurs
ne sont que de l'eau qui tient quelques princi-

pes en dissolution ou en suspension. C'est l'eau qui a charrié, déposé, uni, agglutiné les molécules de pierres; elle est, après le calorique, le plus grand dissolvant de la nature; elle n'a point comme lui d'action sur toutes les substances, mais par son union avec d'autres corps, il n'en est point qu'elle ne puisse attaquer. Véhicule de tous les acides, de tous les gaz salins, de tous les sels, elle dissout toutes les terres, elle facilite leur cristallisation, elle forme presque toutes les substances minérales.

Les anciens chimistes ont jugé que l'eau était un corps simple, parce qu'après avoir joué un très grand rôle dans la fermentation, dans la dissolution, après avoir existé sous une infinité de formes, après avoir servi de moyen d'union aux molécules dont l'agrégation forme les pierres, les os, le bois, après avoir enfin constitué tous les fluides des végétaux et des animaux, ils lui voyaient reprendre toutes ses propriétés, ils pouvaient l'amener au plus haut degré de pureté.

Newton commença à douter de cette simplicité de l'eau; Bayen augmenta ces doutes en annonçant qu'il obtenait des produits aqueux dans des circonstances où il n'était guère possible de croire àl'existence de l'eau dans les substances qu'il employait. Macquer et Cavendish observèrent qu'ils avaient obtenu de l'eau dans la combustion des gaz hydrogène et oxygène. Enfin Lavoisier, Laplace, Monge et Meunier ont prouvé :

Que l'eau était véritablement composée d'oxygène et d'hydrogène ; que sa décomposition avait lieu par les corps combustibles ; que sa recomposition s'opérait par la combustion du gaz hydrogène par le gaz oxygène.

Cette découverte fournit l'explication d'une infinité de phénomènes qu'on ne pouvait comprendre auparavant.

La séparation entre les *gaz* et les *vapeurs* est ancienne ; elle était fondée sur une distinction qui ne peut subsister, savoir : que les gaz proprement dits étaient réputés fluides élastiques *permanents*, tandis que les vapeurs pouvaient se réduire en liquide. Mais on est parvenu récemment, sauf quelques exceptions, à liquéfier les gaz en augmentant suffisamment la pression et diminuant la température.

L'eau, chauffée graduellement, se vaporise avec une vitesse croissante ; et au point d'ébullition, la vapeur aqueuse soulève le poids de l'atmosphère et sort des vases avec violence.

Mais il ne faudrait pas prendre pour de la vapeur l'espèce de brouillard qui apparaît au-dessus de l'eau en ébullition ; ce n'est que portion de vapeur refroidie et liquéfiée par le contact de l'air, et qui y flotte sous forme de gouttelettes. La vapeur réelle est tout à fait *invisible*, et en voici la preuve.

On sait qu'une colonne verticale de mercure de 76 centimètres fait équilibre à la pression de l'air, et qu'il ne reste rien au-dessus de cette colonne dans le tube du baromètre ; cet espace est ce qu'on appelle le *vide baromètrique*. Si on y introduit une goutte d'eau, l'on voit celle-ci disparaître peu à peu et la colonne de mercure diminuer d'une manière très sensible. C'est qu'alors le vide baromètrique s'est rempli de vapeur d'eau invisible, ayant une force élastique nécessairement représentée par la dépression de la colonne mercurielle, car le poids de la goutte d'eau est nul en comparaison.

Il se forme donc de la vapeur dans le vide, et ce n'est pas l'air qui donne lieu à l'évaporation de l'eau ; au contraire, la présence de l'air est un obstacle ou si vous voulez un modérateur de la production rapide de la vapeur, car si l'on met sous le récipient d'une machine pneumatique un vase rempli d'eau, et qu'on fasse rapidement le vide, l'eau rentre un instant comme en ébullition, tant est rapide le dégagement de la vapeur ; nous disons *un instant*, car bientôt l'agitation du liquide cesse, de même que si l'évaporation du liquide avait un terme, et c'est en effet ce qui a lieu, comme nous le verrons ci-après.

Quand on a de la vapeur sans eau dans un tube vertical fermé par le haut, ouvert par le bas et plongeant dans un bain de mercure, si l'on vient à augmenter l'espace occupé par cette vapeur en retirant plus ou moins le tube hors du bain de mercure, sans toutefois qu'il cesse d'y plonger, on trouve que la force élastique de la vapeur est d'autant moindre que son volume est plus grand, et réciproquement, ce qui est la loi de *Mariotte* pour les gaz.

Ainsi la vapeur d'eau, comme celle de tous les autres liquides, obéit aux mêmes lois que l'air, sous le rapport des pressions et des dilatations.

La loi de Mariotte cesse d'être applicable à la vapeur, quand celle-ci restant à la même température, on diminue par trop son volume en augmentant sa pression, et il arrive un terme où la pression est à son *maximum*. Si l'on réduit le volume de la vapeur au-dessous de cette limite, une partie de la vapeur se *condense*, c'est-à-dire revient liquide et se dépose sous forme de gouttelettes contre les parois du vase, de telle manière que la pression reste à cet état maximum qu'elle avait atteint au commencement de la liquéfaction.

Si donc on réduisait de moitié un volume de vapeur au maximum de pression, une moitié de cette vapeur se condenserait ; et si l'on revenait au volume primitif, le liquide ainsi produit repasserait tout entier à l'état de vapeur, sans que la force élastique maximum ait été détruite un instant.

C'est sur ce principe que repose le force gigantesque des machines à vapeur. Le hasard vint en aide aux inventeurs. La machine de Papin n'avait que des mouvements très peu rapides, ce qui était un grave inconvénient. Un jour elle se mit à osciller plus vite que de coutume. Après maintes recherches sur la cause de ce fait, on trouva que le piston était percé, que de l'eau froide tombait dans le cylindre par petite gouttelettes, et qu'en traversant la vapeur, elle l'anéantissait rapidement. La leçon ne fut pas perdue. On adopta la *pomme d'arrosoir*, qui porte une pluie d'eau froide dans toute la capacité du cylindre au moment marqué par la descente du piston. A dater de ce jour, les mouvements de va-et-vient acquirent toute la vitesse désirable.

La vapeur provenant de l'ébullition de l'eau est dirigée par un corps de pompe parcouru par un piston. En injectant alternativement, et sans cesse, un courant de vapeur au-dessous et un courant de vapeur au-dessus du piston, et en faisant de même alternativement le vide de la vapeur dans la partie opposée, on obtient un mouvement continuel de ce dernier, qu'il communique au reste de la machine.

Si l'invention de la machine *fixe* date de plus d'un siècle, celle de la machine à vapeur pour les chemins de fer, dite *locomotive*, ne date que de 1830. En principe, elle est la même que la machine fixe et que celle des navires à vapeur. Ses formes ne diffèrent qu'en raison des besoins de son installation sur un véhicule de faibles dimensions, et la puissance de sa marche est en raison de la quantité de vapeur que la chaudière est susceptible de fournir pour l'entretien de la machine ; ce fut donc sur le perfectionnement de la chaudière que dut s'appesantir l'idée de celui qui entreprit de créer la locomotive moderne.

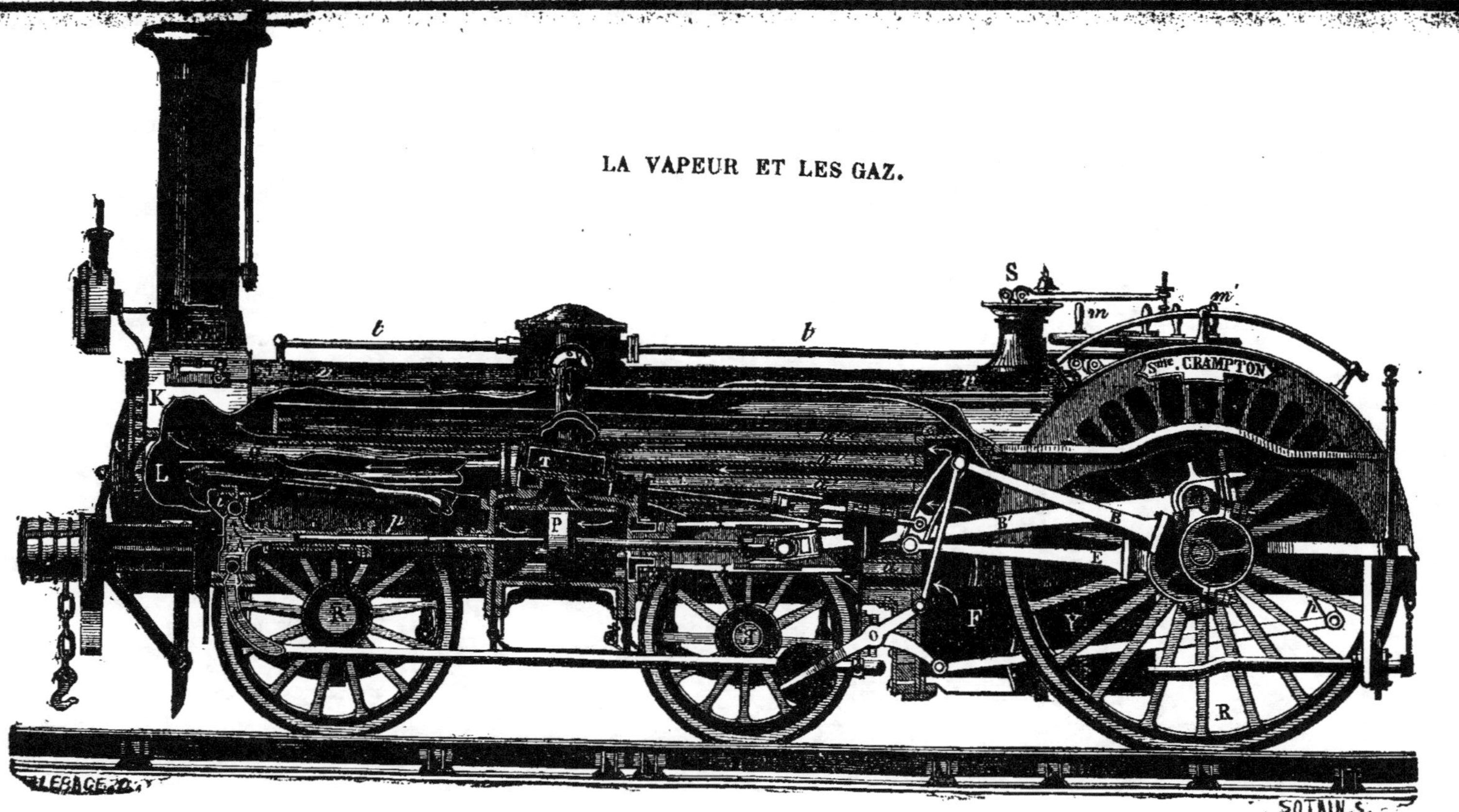

Coupe d'une locomotive.

Après avoir assuré la solidité de ces machines, on s'occupa de leur faire acquérir de plus grandes vitesses ; pour cela on n'eut d'autres recours que d'augmenter la *hauteur* de la grande roue motrice. C'est ainsi qu'on est parvenu à acquérir des vitesses de 25 à 30 lieues à l'heure, vitesses effrayantes pour le voyageur novice, mais qu'on peut encore porter sans inconvénient jusqu'à 60 lieues à l'heure.

Mais, de tous les gaz immédiatement applicables à nos premiers besoins, c'est l'*air*, qui joue comme l'*eau*, un des premiers rôles dans la Création.

Notre globe est enveloppé d'une couche d'air dont on évalue la hauteur à 15 ou 16 lieues et qu'on appelle atmosphère. Les mouvements extraordinaires qui se produisent dans cette masse gazeuse, et que nous appelons les *vents*, ont pour cause principale les variations de densité produites dans les différents points de l'atmosphère par l'action de la chaleur solaire inégalement répartie sur la surface du globe. Ouvrez une fenêtre d'une chambre chauffée au poêle, et aussitôt il s'établira dans cette fenêtre un double courant d'air, ce qu'on peut facilement constater au moyen d'une chandelle allumée, dont la flamme indique que l'un des courants, celui d'en bas, se précipite en dedans, et que l'autre celui d'en haut, se dirige vers l'extérieur. Ceci se comprend : l'air froid du dehors, étant plus dense, plus pesant que celui de la chambre, lequel est dilaté par la chaleur, entre nécessairement par le bas, et chasse l'air chaud, plus léger, par le haut

A cette cause principale des vents, il faut ajouter la pression exercée par les nuages, leur résolution en pluie, les orages, l'inflammation des météores, enfin l'attraction du soleil et de la lune et la rotation de la terre, qui influent surtout sur les vents réguliers et périodiques, comme les brises, les moussons, et les vents alisés. Les *brises* soufflent sur les côtes maritimes, de la mer vers la terre, vers neuf heures du matin jusqu'à quatre ou cinq heures du soir ; elles reparaissent au coucher du soleil de la terre vers la mer.

Les *moussons* se font sentir à de plus grandes distances des côtes ; ce sont des vents qui soufflent six mois dans un sens et six mois dans le sens opposé, mais seulement dans la zone torride.

Dans les mers ouvertes et au large des côtes se présentent enfin des vents qui soufflent perpétuellement dans la même direction : ce sont les *vents alisés*. En général leur mouvement est de l'est à l'ouet, dans le même sens que le mouvement diurne du soleil.

Tout le monde sait comment l'homme a su appliquer à son usage la force du vent, soit comme propulseur dans la navigation à voiles, soit comme moteur mécanique dans les moulins à vents. A l'aide de l'anémomètre, on a pu constater que la vitesse du vent varie depuis 30 mètres par minute, jusqu'à 2700 mètres qu'atteint quelquefois l'*ouragan*, dont nous parlerons dans notre livre des *Météores*.

Les anciens avaient divinisé les vents, qu'Eole, leur roi, tenait enfermés dans les cavernes des îles Eoliennes : *Aquilon* et *Borée* venaient du nord, *Eurus* de l'orient, *Auster* et *Notus* du midi, et *Zéphire* de l'occident.

Mais aujourd'hui, nous savons que l'air est *pesant* et tend à tomber vers le centre du globe, comme toute autre matière soumise aux lois de l'attraction et de la pesanteur. Le vent n'est que de l'air qui se déplace en vertu son poids, et nous sentons que l'air, même calme, résiste plus ou moins à nos mouvements.

On démontre la pesanteur de l'air en retirant d'un grand ballon de verre tout l'air qu'il contient, au moyen de la machine pneumatique.

Ce ballon étant vide, et son orifice fermé par le moyen d'un robinet, on le suspend à l'un des bras d'une balance, que l'on équilibre en mettant des poids sur le plateau de l'autre bras. Cela fait, on ouvre le robinet, l'air afflue dans le ballon avec sifflement, et le poids de ce ballon est alors augmenté d'une quantité appréciable, car on trouve qu'un litre d'air pèse un gramme et un tiers. Or un litre d'eau pesant mille grammes, l'air pèse environ 770 fois moins que l'eau : c'est ce qu'on appelle sa *densité*. C'est ordinairement à l'eau que l'on compare tous les corps : ainsi quand on dit que la densité du fer est 7, on veut exprimer qu'un fragment quelconque de fer, pèse 7 fois autant qu'un volume égal d'eau.

On a encore d'autres preuves de la pesanteur de l'air par l'emploi du baromètre, des pompes, et du siphon, qui n'en sont que les applications.

Pourquoi le mercure se soutient-il dans le *baromètre* à une hauteur de 76 centimètres? C'est que la surface du mercure, dans la cuvette, étant pressée par le poids de la colonne d'air qui repose dessus, il faut, pour l'équilibre, que tous les points de cette surface de niveau soient également pressés par une colonne de mercure

d'un poids égal à celui de l'air. En conséquence
une ·colonne de mercure de 76 centimètres

Baromètre.

presse comme une colonne d'air atmosphérique, l'un et l'autre s'appuyant sur la même
base.

La mesure de la hauteur barométrique se fait au moyen d'une échelle métrique tracée sur la tablette verticale qui soutient le tube. Quand le temps est beau et sec, le baromètre monte et peut aller jusqu'à 79 ; lorsqu'au contraire le temps est pluvieux ou orageux, il baisse. On inscrit les expressions fixe, beau, variable, pluie ou vent, tempête, vis-à-vis des points de l'échelle qui correspondent le plus habituellement à ces divers états de l'atmosphère.

Lorsqu'on s'élève sur une montagne, la colonne d'air diminuant à mesure qu'on monte, la colonne du mercure descend rapidement, comme Pascal l'a constaté au Puy-de-Dôme. On peut ainsi mesurer la hauteur d'une montagne ou d'un édifice, d'après l'abaissement de la colonne barométrique.

La densité du mercure étant 13 et demi, il faudrait une colonne d'eau d'autant plus haute, c'est-à-dire d'environ 10^m, pour faire équilibre au poids de l'air atmosphérique ; et c'est ce qui arrive en effet, comme des fontainiers l'observèrent pour la première fois à Florence ; autrefois on s'imaginait que la nature ayant horreur du vide, l'eau montait dans les tuyaux de pompes, à cette seule fin d'y remplir le vide occasionné par l'ascension du piston. Mais si l'eau monte dans une paille dont vous avez aspiré l'air, ou dans un corps de pompe dont le piston a fait le vide, c'est que le liquide, se trouvant pressé par l'air sur tous les points en dehors de ces tuyaux, doit nécessairement monter dans l'intérieur, où il ne trouve pas de résistance. C'est ce qui explique le jeu des pompes et du siphon.

L'air est donc pesant; il est aussi singulièrement élastique, et ce sont ses vibrations qui nous transmettent les sons; on a des preuves manifestes de son élasticité, par les effets du fusil-à-vent et de diverses machines qui sont utilement employées dans les arts.

Voilà pour les propriétés physiques de l'air; il nous reste à faire connaître ses caractères chimiques.

La nécessité de l'introduction de l'air dans les humeurs des corps organisés, est prouvée par l'universalité de la respiration dans tous, car les animaux ne sont pas les seuls êtres qui en aient besoin; les plantes respirent aussi; elles ont des trachées, de petits orifices dans lesquels l'air pénètre au milieu de leur propre substance. Les feuilles sont des espèces de poumons pour les végétaux; elles absorbent de l'air et elles en exhalent. Les animaux aquatiques et ceux qui habitent sous la terre, ont aussi leur respiration. On a découvert par la chimie ce qui se passait dans l'acte respiratoire, et l'on s'est assuré qu'il s'opérait alors une sorte de combustion analogue à celle des corps enflammés. En effet, l'air est nécessaire à la flamme comme à l'animal qui respire ; sans lui le feu et la vie s'éteignent ; il était donc intéressant d'examiner les rapports de ces deux opérations. Uue bougie enfermée sous un vase qui ne contient que de l'air ordinaire, languit bientôt, meurt et s'éteint. On a remarqué alors que le volume de l'air était diminué, et que cet air n'avait plus la propriété d'être respiré, qu'il étouffait au contraire l'animal qu'on y introduisait. La diminution du volume prouvait la soustraction d'une portion de cet air, et ses mauvaises qualités annonçaient un changement.

En suivant ces expériences, on est parvenu à reconnaître que l'air de l'atmosphère était composé de deux parties essentielles que la chimie peut séparer ; *l'oxygène* et *l'azote*, gaz mélangés habituellement avec un peu de vapeur d'eau et d'acide carbonique et accidentellement d'autres gaz dont nous parlerons ci-après.

On peut séparer ces substances étrangères et
faire l'analyse de l'air pur, formé exclusive-
ment d'oxygène et d'azote. Quel que soit le
lieu de la terre où l'on ait pris de l'air pour
l'analyser, on a toujours trouvé quatre cin-
quièmes d'azote et un cinquième d'oxygène.

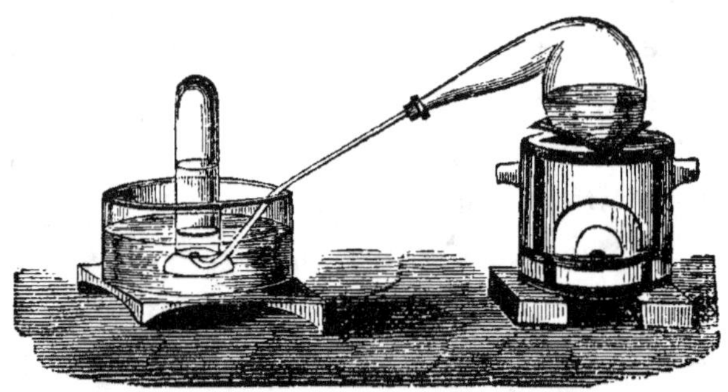

Préparation du protoxyde d'azote.

Ce dernier qui pèse plus que l'air se rencontre dans presque toutes les matières végétales
et animales, et dans la plupart des minéraux.
C'est le corps le plus important de la nature et
il est indispensable à la vie organique. Il est
la cause active de la combustion, qui s'opère
plus facilement quand il est seul. Une tige de
fer ayant à son extrémité un morceau d'ama-
dou allumé, venant à être plongé dans l'oxygène pur, y brûle avec une vivacité très grande

en produisant une lumière telle, que les yeux
ont de la peine à la supporter. Un oiseau qu'on
indroduit sous une cloche pleine d'oxygène
cesse bientôt de vivre. Il s'agite d'abord, puis
ses mouvements deviennent rapides, sa respiration très accélérée, enfin il succombe; ce
qui prouve que l'oxygène doit être mêlé d'azote
pour exercer son influence salutaire sur la vie
organique.

L'azote se distingue par des propriétés presque toutes négatives; il ne réagit directement
sur aucun corps. Sa présence dans presque
toutes les matières animales et son absence de
la plupart des matières végétales peuvent servir
à caractériser ces deux classes de matières organiques. L'azote pur est impropre à la respiration, et c'est de là que lui vient son nom qui
veut dire *sans vie.*

Parmi les autres gaz importants, le gaz
*hydrogène,*qui entre pour 15 centièmes dans
la composition de l'eau, forme avec l'azote l'air
inflammable des marais; combiné avec le
phosphore, il s'enflamme avec explosion; comme il est 13 fois plus léger que l'air, c'est
grâce à lui qu'on a pu s'élever dans les aérostats.

L'*acide carbonique*, qui n'est autre chose

Grand Geyser d'Islande.

que du carbone combiné à l'oxygène, est plus
pesant que l'air, dans lequel il entre pour un
centième; c'est lui qui forme les eaux gazeuses ou acidules. Les acides minéraux passent à
l'état de gaz par les modifications qu'ils éprouvent, soit par une soustraction, soit par une
addition d'oxygène. Il y a en outre une infinité de combinaisons de gaz, dont nous allons
parler dans les *mélanges chimiques;* ici, il
nous faut revenir à des vues moins savantes,
mais plus populaires et plus pratiques.

On sait que l'acte de respiration vicie l'air,
ainsi que la combustion des substances desti-
nées au chauffage et à l'éclairage. Il faut donc
entretenir dans les demeures des courants d'air
qui emportent les portions altérées, pour leur
subtituer de nouvelles masses d'air pur pris
à l'extérieur. Il est bon que l'air se renouvelle
continuellement dans les appartements au
moyen de petites ouvertures pratiquées assez
haut pour que le courant d'air n'incommode
pas les personnes.

Dans la respiration, le sang absorbe de l'oxygène et exhale avec de la vapeur d'eau du gaz
acide carbonique. Ces produits exhalés viciant
l'air des poumons, il faut que celui-ci soit re-
nouvelé sans cesse par les mouvements alter-

natifs de l'expiraion et de l'inspiration. La continuité de la respiration est nécessaire à la vie animale ; lorsque cette fonction est suspendue trop longtemps, on tombe dans l'*asphyxie*, qui peut être produite par la privation seule de l'oxygène ; elle est plus mortelle quand on res-

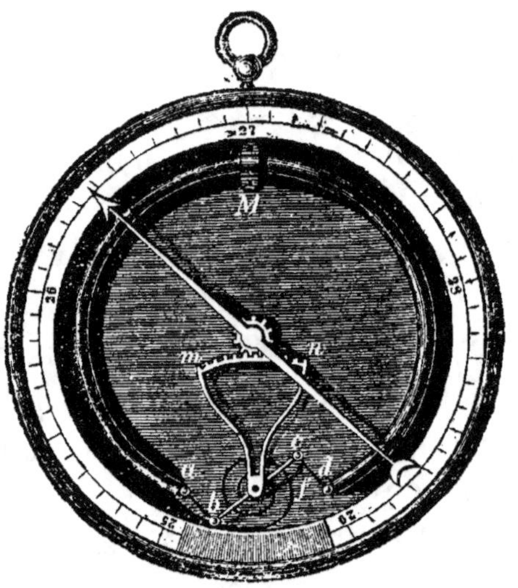

Baromètre métallique.

pire un air délétère comme par exemple l'oxyde de carbone. C'est la respiration qui produit la chaleur du corps, laquelle varie de 36 à 40 degrés chez l'homme et les mammifères, et s'élève à 42 degrés chez les oiseaux. Il en résulte que la respiration de ces derniers est plus éten-

due que celle des plus grands animaux. Elle est,
en effet, en quelque sorte double, en ce que non
seulement le sang respire dans les poumons,
mais se retrouve encore en contact avec l'air
pendant sa circulation à travers les autres organes. On voit que Dieu a eu pitié des petits
oiseaux, qui dorment sous la neige, sans souffrir le froid que nous ressentirions.

L'atmosphère pourrait, à la longue, perdre
une grande partie de son oxygène par la combustion et la *respiration*, si les végétaux n'a-
vaient pas la propriété de décomposer l'eau,
le gaz acide carbonique, et de verser dans l'air
des torrents d'oxygène. Aussi l'air de la campagne est bien plus salubre que celui des villes, parce qu'il y a une multitude d'arbres et
de plantes dans la première, et que les secondes sont des foyers de combustion et de *respiration* continuelles qui consomment beaucoup d'air pur. Les hommes s'étouffent ensemble dans les appartements, l'haleine de l'homme
est un poison mortel pour l'homme, au physique aussi bien qu'au moral. Un air chargé de
vapeurs, de gaz acide carbonique, privé de son
gaz oxygène, produit bientôt la mort, il asphyxie. Voilà pourquoi il est si dangereux de
tenir dans un endroit fermé, un brasier allumé,

du vin ou de la bière en fermentation, de la pâte
qui lève, parce que toutes ces substances exhalent beaucoup de gaz acide carbonique, enlè-
vent l'oxygène à l'air, et le rendent mortel pour
tout ce qui respire. Comme respirer c'est être
en combustion, il sera facile de voir si l'on
pourra entrer sans danger dans un endroit
dont on ne connaît pas bien la pureté de l'air ;
par exemple, dans une cave fermée pendant
quelques jours. Si une bougie ne s'y éteint pas,
l'air y sera respirable ; si elle s'éteint d'elle-
même, votre vie est en danger, si vous entrez.
Nous portons dans notre sein un flambeau de
vie qui a besoin d'air, comme la flamme ordinaire ; nous nous éteignons comme elle par la
soustraction du principe vivifiant de l'atmosphère, l'eau éteint aussi la flamme vitale, car
ce que nous appelons *être noyé* ne diffère pas
essentiellement de ce qui arrive quand on verse
de l'eau sur le feu. Mais notre combustion est
cachée ; elle ne s'exécute pas avec la flamme,
quoique les vapeurs que l'on expire soit une
sorte de fumée. Cette combustion lente ne
s'exécute pas seulement dans les poumons ; le
gaz oxygène parcourt les vaisseaux artériels,
s'y combine peu à peu avec le sang, lui donne
une couleur vermeille, et le débarrasse d'une

portion de matière charbonneuse ou de carbone, que contient le sang noir des veines. C'est

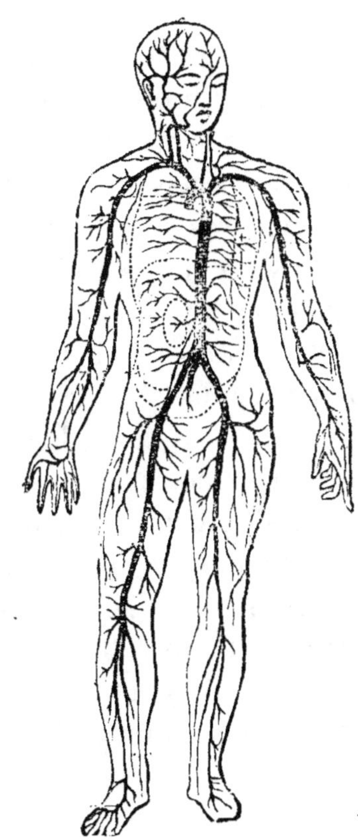

Système artériel.

principalement dans les vaisseaux artériels que
s'opère cette combinaison d'oxygène, ou plutô:
cette combustion.

Comme la chaleur est ordinairement une suite de la combustion, il était naturel de chercher s'il en était de même dans le corps des êtres qui respirent. On a trouvé en effet que les animaux qui respiraient le plus étaient les plus chauds, par exemple les oiseaux et les mammifères ; tandis que les reptiles, les poissons, les mollusques et les insectes qui repirent peu ont aussi une chaleur très faible. On a vu encore que tous les corps organisés jouissaient, en hiver, de quelques degrés de chaleur supérieure à celle des corps bruts et inorganiques. Ainsi le tronc d'un arbre, l'insecte, quoiqu'engourdis pendant l'hiver, gardent cependant un peu de chaleur que le thermomètre fait apercevoir. Les quadrupèdes qui s'endorment pendant l'hiver, conservent encore une petite partie de leur chaleur. Les reptiles et les poissons surpassent de 3 à 4 degrés la température ordinaire de l'atmosphère, et restent toujours dans une chaleur à peu près égale, malgré le froid et le chaud.

On voit des *grenouilles*, des *tortues*, des *lézards*, respirer à peine deux ou trois fois par quart d'heure ; une *tortue*, une *grenouille*, peuvent rester même sous l'eau pendant plusieurs heures sans reprendre haleine ; mais l'homme respire environ vingt fois par minute, et des petits quadrupèdes respirent encore plus souvent. Aussi les reptiles sont toujours froids. Les poissons, qui ne respirent que l'air interposé dans les molécules des eaux, ne peuvent pas avoir beaucoup de chaleur, de même que les coquillages, les mollusques et les crustacés qui respirent par des branchies. Les trachées des insectes se subdivisent en une multitude de petits rameaux ; dans l'intérieur de leur corps les vers et les végétaux ont aussi une *respiration* lente et sourde qui ne leur communique pas beaucoup de chaleur.

Cependant le dégagement de la chaleur ne s'exécute pas dans l'organe respiratoire lui-même, puisqu'il n'est pas plus chaud que les autres parties du corps, mais comme la combustion s'opère en détail dans les différents tissus de l'organisation vivante, la chaleur s'y répand avec uniformité. Lorsque nous nous agitons avec force, la chaleur augmente dans notre corps, et la *respiration* devient plus rapide, afin de fournir de nouvelle chaleur pour remplacer celle qui s'exhale. Car la chaleur sensible des animaux à sang chaud, sort continuellement d'eux-mêmes, d'où il suit qu'il leur en faut de la nouvelle pour maintenir leur température au même degré. Ainsi l'oiseau qui se meut continuellement, et qui est pour ainsi dire brûlant, a besoin de respirer beaucoup par cette raison, sans cela il deviendrait glacé, de même qu'il faut plus d'air au feu à mesure qu'il est plus ardent. Mais le reptile qui perd peu de chaleur, qui agite moins ses muscles que les animaux à sang chaud, le poisson qui, nageant dans un milieu dense et aussi pesant que lui, n'a pas besoin d'une grande puissance musculaire ; ces animaux ont moins besoin de respirer que des espèces plus actives et ardentes. La mesure de la chaleur est donc proportionnée aux besoins de l'animal, et ne dépend pas de la température des corps extérieurs, puisque dans les ardeurs de l'été ou de la zone torride, comme sous la glace des hivers et des régions polaires, la chaleur intrinsèque des corps vivants n'est pas changée ; ils n'éprouvent la chaleur et le froid extérieurs que comme des modifications étrangères à leur nature. L'excès de l'un ou de l'autre est surmonté par les propriétés de la vie qui tendent à ramener l'équilibre naturel.

Mais pour bien saisir l'influence de la *respiration* dans l'économie animale, il faut la considérer dans les différents animaux. Nous re-

connaîtrons alors que l'activité de la vie est en
raison directe de l'intensité de l'acte respiratoire ; car tant qu'un animal ne respire point,
sa vitalité demeure insensible, comme le poulet
dans l'œuf.

La plante dans sa graine, l'arbre au milieu de

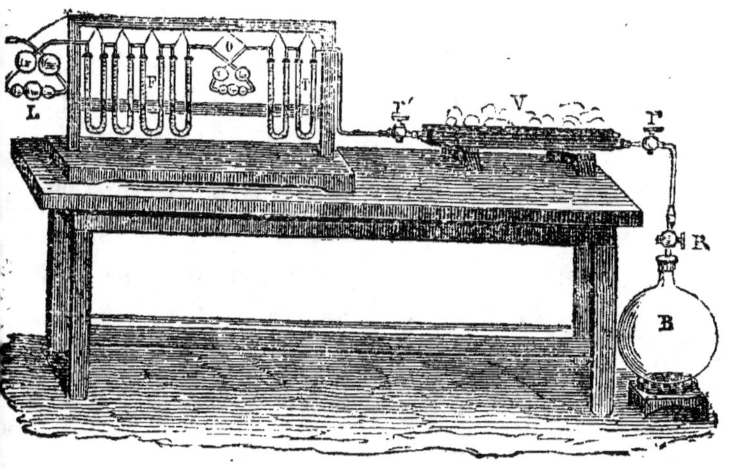

Analyse de l'air par Dumas.

l'hiver, le reptile et l'insecte engourdis par le
froid ne respirent point ; ils n'ont point d'activité vitale ; ils demeurent immobiles et inani-
més, quoiqu'ils ne soient pas morts. On a
même découvert que la graine ne pouvait pas
germer si toute communication avec l'air était
exactement interrompue, tandis que le gaz

oxygène ou l'air vital excite promptement sa germination. Quels animaux sont les plus actifs, les plus forts et les plus *animés?* Ce sont précisément ceux chez lesquels la *respiration* est la plus développée : les oiseaux et les mammifères. L'oiseau surtout est presque toujours en mouvement, rien ne surpasse la vigueur de ses muscles, la rapidité de tout ce qu'il exécute, parce qu'il respire plus que tout autre animal.

Voyez, dans les différents individus de l'espèce humaine, ceux qui sont les plus vifs, les plus robustes ; ce sont précisément ceux qui ont une large poitrine, et qui respirent avec facilité, tandis que les personnes à poitrine délicate, étroite et mal constituée, sont faibles, maladives et sans vigueur. Les hommes des villes qui respirent un air méphitique ont-ils la vigueur de nos paysans qui reçoivent continuellement l'air pur de la campagne? Voyez combien l'air des pays marécageux, toujours rempli de vapeurs infectes, d'hydogène et de carbone, affaiblit les hommes qui les habitent, tandis que les montagnards qui demeurent dans un air vif et pur sont les plus robustes et les plus courageux des hommes; ils tiennent même de la nature des oiseaux ou plutôt des aigles; comme eux ils reçoivent les influences d'une atmosphère agitée et purifiée par les vents. Telles sont toutes les contrées élevées et sèches, mais les lieux bas produisent des hommes et des animaux d'une nature plus molle et plus faible parce que l'air y est moins pur, et que les vapeurs y sont abondantes et continuelles.

C'est donc la *respiration* qui rend la vie active, c'est l'air qui nous anime ; c'est lui qui réveille l'enfant au sortir du sein maternel ; c'est le principe de l'excitabilité des animaux. Les quadrupèdes qui s'endorment pendant l'hiver respirent plus lentement alors que dans le temps du réveil. Nos inspirations deviennent aussi moins fréquentes pendant notre sommeil ; elles se font avec plus de difficulté, c'est pourquoi l'on ronfle ordinairement. Après avoir beaucoup mangé, les animaux sont portés au sommeil, parce que la plénitude de l'estomac comprime les poumons, diminue la facilité de la *respiration*, et fait refluer le sang au cerveau. Lorsqu'on s'agite avec effort, lorsqu'on exerce fortement ses muscles, la *respiration* devient plus intense et plus prompte pour fournir plus de vigueur au corps ; ainsi l'oiseau qui se meut avec une grande vivacité, respire quarante à cinquante fois par minute, ce qui est le double de l'homme. Les poissons agitent vingt-cinq à vingt-six fois leurs branchies par minute, mais chacune de leurs inspirations aqueuses ne leur donne qu'une très petite quantité d'air. Les hommes du Nord sont plus robustes que ceux du Midi, parce qu'ils respirent un air plus vif, plus pur et plus condensé à cause du froid. Or, un air condensé contient sous le même volume, une grande quantité de gaz oxygène ou d'air vital, il doit donc alimenter davantage les forces du corps. C'est pour cela que nous sommes plus actifs et plus vigoureux en hiver qu'en été, indépendamment de la cheleur et du froid. Par la même cause, nous mangeons alors plus abondamment ; nous digérons mieux, car les oiseaux qui respirent beaucoup, digèrent très vite, et quand on respire peu, on mange moins. Ceci nous montre encore combien la fonction respiratoire est analogue à la faculté digestive, et combien elles sont correspondantes. L'abondance de la nourriture exige une *respiration* intense afin de transformer la matière alimentaire en sang et en nature animale, et réciproquement l'intensité de la *respiration* appelle une grande quantité d'aliments pour établir l'équilibre entre les fonctions de l'économie vivante. Voilà pourquoi les animaux engourdis pendant l'hiver ne mangent point, et les végétaux cessent d'absorber alors les sucs de la terre.

Mais si la respiration a une si bienfaisante influence sur la vie organique, la *nutrition* y produit bien d'autres métamorphoses, par ses opérations chimiques sur les corps solides, liquides ou gazeux, que nous venons d'étudier. Nous y distinguerons même un principe tout à fait distinct des combinaisons de la matière et qui dit à la science la plus audacieuse : « C'est ici que je t'arrête, tu n'iras pas plus loin. »

II

PHÉNOMÈNES CHIMIQUES

L'univers est un immense laboratoire, où tout fermente, circule, et se transforme en mille combinaisons diverses, produisant perpétuellement des merveilles sous nos yeux distraits, sans que nous daignions seulemement fixer celles qui nous intéressent de plus près.

Nous venons d'analyser la *respiration* qui produit la chaleur dans notre corps par la combustion ou la combinaison de l'oxygène avec le sang. Mais la nutrition proprement dite nous rapproche un peu mieux des mystérieuses métamorphoses de la matière.

La nutrition est la fonction primitive, l'élément essentiel de la vie, ou plutôt c'est la vie principale elle-même.

Par la même raison, les matières brutes n'ayant aucune vie ne se nourrissent pas, car nous ne confondons pas une augmentation extérieure, une simple agrégation de molécules minérales, avec l'assimilation des corps étrangers, en la propre substance de l'individu qui les reçoit. Une masse de métal qui se mêle à un autre métal, ne perd point ses qualités particulières. Elle ne se transforme pas en une autre nature, elle reste toujours la même, dans ses propriétés fondamentales, quelle que soit sa forme, sa combinaison, quelques tortures variées que le chimiste lui fasse éprouver. Sa nature est donc indomptable et réfractaire à toutes les forces humaines. On en a un exemple bien frappant dans les travaux de ces alchimistes infatigables qui ont cherché la manière de transmuer les métaux en or, pendant près de six siècles. Cette mémorable folie humaine a du moins prouvé l'invariabilité des principes minéraux.

Mais dans les corps vivants, animaux et végétaux, les transformations sont perpétuelles ; dans le bœuf, le foin se change en chair ; dans l'herbe, dans l'arbre, les molécules animales et végétales que la terre à reçues des espèces vivantes, sont transformées en d'autres matières, un cadavre qu'on enfouit au pied de l'oranger, donne des sucs agréables à ses fruits. La graine insipide devient dans le *faisan*, une chair délicieuse. La même terre qui nourrit le blé, fait naître, des mêmes sucs, l'ail fétide et la vénéneuse jusquiame. Pourquoi tous ces changements dans une seule substance nutritive ? Pourquoi dans une même plante, dans un même animal, un partie est-elle amère comme la bile, l'autre douce comme la chair ou le fruit ? Pourquoi l'organisation de chaque espèce est-elle toujours la même dans toutes ses parties, et comment transforme-t-elle des matières bien différentes en sa propre substance, en sa même conformation ?

Voilà le phénomène qui s'opère chaque jour sous nos yeux, dont nous sommes les témoins éternels, et même les propres acteurs, phénomène étonnant, auquel les trois quarts du genre humain n'ont peut-être jamais songé, tant on est habitué aux merveilles de la nature.

En effet, vous aurez beau piler dans un mortier, distiller, macérer, faire fermenter, bouillir, putréfier du pain, ou même de la chair, jamais vous n'en tirerez une seule fibre de chair vivante, organisée et sensible. Vous n'en ferez pas même des excréments ; la chimie, si puissante sur les minéraux, est ici étonnée de sa complète impuissance ; il lui serait bien moins impossible de former de l'or avec du mercure, que de créer une plante, un animal, avec les matériaux de la *nutrition*.

Il faut donc admettre une cause cachée et invisible qui opère ces merveilleux changements dans les corps vivants. Quand nous suivrions le cours des aliments dans l'homme, par exemple, quand nous interrogerions leurs divers changements, nous serions encore peu avancés. Ainsi, nous voyons le pain, la chair, broyés sous les dents, mêlés à la salive, descendant en masse pâteuse dans l'estomac, pénétrés et dissous en bouillie dans ce viscère, imbibés de différents sucs abdominaux dans les intestins, pompés en partie par les vaisseaux lactés et chylifères, versés dans les veines, envoyés au cœur, et de là aux poumons, retournant au cœur avec la masse du sang qui se répand ensuite en torrents dans toutes les parties du corps, les arrose, les nourrit, les vivifie, tandis que les matières grossières, non nutritives sont expulsées au dehors.

A mesure que les aliments sont pénétrés par

les liqueurs animales, ils acquièrent successivement des propriété vitales; ils se modifient,

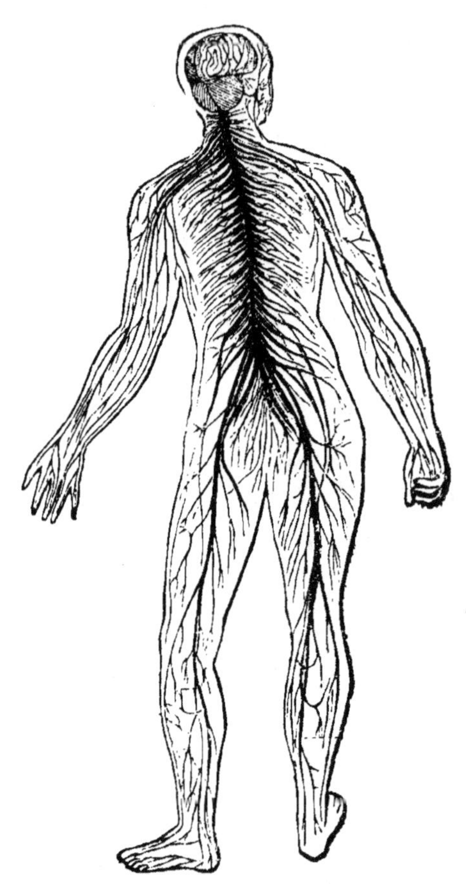

Système nerveux.

se disposent à l'organisation. C'est ici une action du principe qui nous anime, action totale-
ment différente des causes chimiques et méca-

niques ; car, bien que la nourriture éprouve une modification physique dans ses principes constituants, elle reçoit de plus des qualités bien supérieures, puisqu'elle doit remplacer les organes vivants à mesure qu'ils s'usent et se détruisent.

Le corps des animaux et des plantes n'est jamais dans le même état ; tantôt il est très nourri ; tantôt il est affamé ; la vie est une machine qui a besoin d'être souvent remontée, et qui tend d'elle-même à se remonter. La faim, la soif sont des facultés de chaque organe vivant, qui n'existent pas seulement dans la bouche et l'estomac, mais dans chaque fibre du corps ; car lorsqu'une partie quelconque a épuisé la quantité de nourriture qui lui est apportée par la circulation, lorsque, faisant un grand exercice et par conséquent une grande déperdition de subtances, elle sent le besoin de se réparer, elle crie famine, pour ainsi dire, à la porte de l'estomac. En effet, chaque partie du corps *mange* plus ou moins selon qu'elle est plus ou moins active. Par cette raison, chacune d'elle coucourt à la digestion générale dont l'estomac est le foyer, car la digestion ne s'opère qu'autant que les membres y concourent, et en ont besoin ; mais lorsqu'il y a réplétion dans les parties du corps, quoique l'estomac soit vide, la digestion n'a pas lieu, comme on l'observe dans une foule de maladies, de sorte qu'on pourrait dire, à la rigueur, que ce n'est pas l'estomac lui-même qui digère, mais qu'il est l'instrument de la digestion commune des membres. Il y a même plusieurs sortes de digestion dans les corps vivants. La première qui s'opère dans l'estomac n'est qu'une gros sière séparation des matières alimentaires, qui sont ensuite digérées plus exactement dans les vaisseaux chylifères, ensuite dans le sang. La digestion pulmonaire est très remarquable par le changement qu'elle opère sur le sang, en lui donnant de la chaleur et une couleur purpurine ; à chacune de ces digestions, une partie moins animalisée est mise à part, ou rejetée au-dehors comme un excrément nuisible ; ensuite, il s'opère des digestions particulières dans chaque organe, d'une manière appropriée à sa nature. Le sang veineux ou artériel prend des propriétés particulières dans les diverses parties du corps qu'il va nourrir, on dont il rapporte les excréments. Le sang veineux est chargé de cette dernière fonction, tandis que le sang artériel est nutritif. Toutes ces digestions partielles ont pour but d'approprier la matière alimentaire à l'organisation spéciale de chaque organe, car il faut que le même sang soit transformé en tissus membraneux, fibreux, musculaire, vasculaire, nerveux, cellulaire, cutané, glanduleux, ligamenteux, osseux. Or, ceci ne peut bien s'exécuter qu'à l'aide des digestions particulières de chacun de ces organes vivants. Il faut qu'ils choisissent les molécules convenables et rejettent les autres; il faut qu'ils travaillent encore ces mêmes molécules et les assimilent à leur substance, à leur texture, à leur vitalité. Chaque partie a donc une sorte de *goût* qui détermine son choix, une *volonté* ou plutôt un *appétit* relatif à son état. Il suit de là que chaque partie du corps animé à sa portion de vie qui lui est propre, ses qualités particulières, ses fonctions, sa manière d'être ; mais tout cela tient à l'ensemble du corps : chaque membre n'a qu'une vie d'emprunt, car si ce même organe est séparé du tout, il cesse de vivre.

Dans les plantes, la *nutrition* est plus extérieure que dans les animaux à cause de la disposition des vaisseaux nourriciers et des organes nutritifs; ils sont placés vers la circonférence dans les premières, et à l'intérieur dans les secondes ; c'est pour cela qu'on a dit que la

plante était un animal dont le dedans serait
dehors. De même, l'animal est une plante dont
les racines sont dans les entrailles. Les espèces
d'animaux et de plantes dont l'organisation est
très simple, ont une *nutrition* presque immé-
diate. Le polype d'eau douce n'est presque
rien qu'un estomac vivant, qui peut digérer

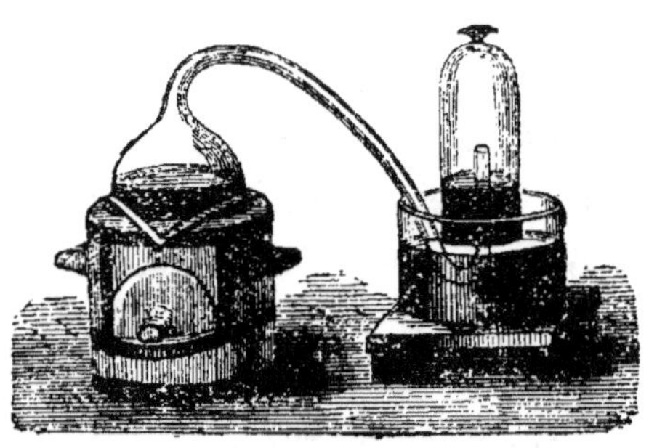

Analyse de l'air par Lavoisier.

même lorsqu'on le retourne comme un gant.
Nous digérons aussi par la peau : elle est pour
nous un estomac extérieur qui absorbe ce qui
l'environne. Ainsi, les bouchers, les cuisiniers
qui sont toujours plongés dans une atmosphère
remplie de vapeurs de chair et de sang, sont
tous gras et sanguins quoiqu'ils ne mangent
pas plus que les autres hommes. Mais leur peau
se rassasie de ces vapeurs nourrissantes ; et

l'on pourrait peut-être vivre pendant quelque temps des seules matières absorbées par la peau. Forster, dans un *voyage au nord*, assure que des matelots pressé de la faim, soutinrent leur vie pendant quelque temps en se baignant ; car l'eau qui entrait dans leurs pores soutenait toujours un peu leurs organes abattus par la disette. Il est certain qu'on pourrait se passer de boire en se baignant, et qu'un bain de lait ou de vin est très fortifiant. Plusieurs plantes ne vivent que par de semblables absorptions.

Il est curieux de constater les métamorphoses de la *sève* dans les végétaux, quoique sa composition essentielle soit toujours la même.

La partie des sucs qui ne sert pas directement à la nutrition et à l'accroissement du végétal, est séparée pour être rejetée au dehors. La nature de de ces sécrétions est très variée. Tantôt ce sont des substances gazeuses, comme des huiles volatiles, qui produisent les odeurs des plantes ; tantôt ce sont des fluides plus ou moins épais, susceptibles de se solidifier : tels sont les sucres, les gommes, les résines, les cires, le caoutchouc. La cire des végétaux, analogue à celle des abeilles, se montre sur les prunes, les oranges.

En dehors des principes acides ou alcalins, les plantes contiennent encore diverses matières colorantes, comme la garance, le bois de campêche, l'indigo.

Outre cette variété et ces métamorphoses incompréhensibles de la sève, que de variété dans la tige, le bois, les feuilles et les fleurs des plantes ! Tout cela est produit par la *sève*, c'est-à-dire par une eau chargée de quelques atomes de débris organiques, dont les éléments essentiels sont presque toujours les mêmes.

Il en est de même du *sang* qui devient chair, muscle, nerf, os, ongle, cheveux. Qui pourra dire comment se produisent ces admirables transformations ? Comment une matière brute et qui paraît morte enfante-t-elle des êtres vivants pour les laisser mourir ?

Tous ces phénomènes étudiés par la science, nous font voir de plus près les œuvres de la Nature, qui se plaît à cacher ses mystères. C'est une profession bien intéressante pour un homme de génie que celle de chimiste. Décomposer et composer les corps, faire des gaz, des liquides, des solides nouveaux, utiles aux arts, aux manufactures, à la santé, à la guerre; opérer des sortes de prodiges qui peuvent

éclairer l'homme et résoudre des questions ré-
putées insolubles; créer des arts utiles précé-
demment inconnus; tel est le but qu'il se
propose. Rien ne borne son ambition scien-
tifique; aucun corps n'est simple pour lui; il
ne voit dans tous les fluides que des corps à
décomposer et dont il pourra un jour montrer
les éléments; tous les métaux, tous les cristaux naîtront peut-être dans son laboratoire.
L'inutilité des longs travaux précédent ne
saurait le décourager; le hasard et le génie
peuvent renverser beaucoup d'obstacles. Nous
savons que le diamant n'est que du carbonne
pourquoi avec du carbonne ne pourrait-on pas
faire du diamant? Souvent en cherchant des
choses impossibles on trouve des choses fort
utiles et c'est ainsi que la chimie a fait de
grands progrès.

Elle n'a été guère connue dans l'antiquité.
Sous le nom d'*art sacré*, les Chinois connurent
l'art de fabriquer le salpètre, la porcelaine et
la poudre à canon; les Grecs adoptèrent l'existence de quatre éléments: le *feu*, l'*air*, l'*eau*, et
la *terre*; les Arabes, à partir du onzième siècle,
la cultivèrent sous le nom d'*alchimie*; enfin
les Croisades la firent répandre en Europe; et,
à partir du quatorzième siècle, on voit appa-

raître des hommes de génie qui ouvrent la voix aux progrès de cette science merveilleuse.

On doit à *Paracelse* l'emploie du mercure et de l'opium, quoiqu'il expliquât les maladies

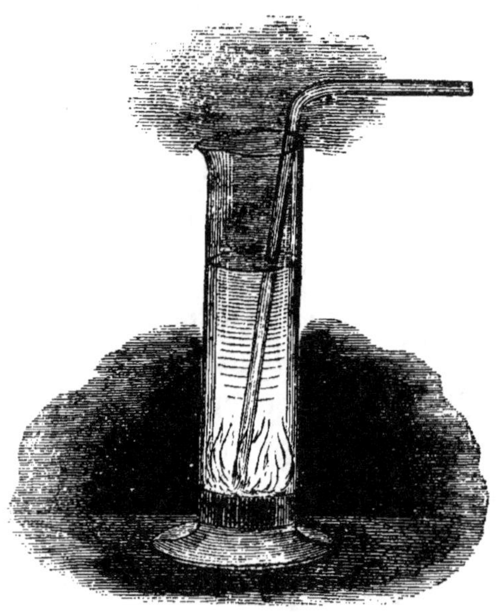

Combustion du phosphore dans l'eau.

par l'influence des astres (1493). *Boerhaave* (1668), qui a entravé la marche de la médecine, a cependant fait une foule d'observations exactes, et réussi à décomposer le sang, le lait, et tous les fluides animaux. Il fit aussi avancer la botanique par les encouragements qu'il donna au célèbre Linné. *Palles* (1677), qui publia l'art de rendre l'eau de la mer potable, a fait plusieurs inventions utiles, entre autres, celle de ventilateurs destinés à renouveler l'air des hôpitaux, des mines et des vaisseaux. L'Ecossais *Black* (1728), soupçonna le premier l'existence de l'acide carbonique appelé *air fixe*, et montra sa présence dans les alcalis, la chaud et la magnésie. On lui doit aussi la découverte de la chaleur latente. *Margraff*, de Berlin (1789), associé à l'Académie des sciences de Paris trouva le moyen d'extraire de la potasse du tartre et du sel d'oseille, et de retirer du sucre de la betterave. Le célère *Scheele*, Suédois, découvrit l'oxygène, le chlore, le manganèse et plusieurs acides. L'anglais *Priestley* (1733), fut le premier à isoler l'oxygène et fraya ainsi la route à Lavoisier. On doit à *Cavendish* (1731), la découverte du gaz hydrogène, celle de la composition de l'eau et de l'acide nitrique. *Lavoisier* démontra, en 1775, que la calcination des métaux, et en général la combustion des corps, est le produit de l'oxygène avec ces corps, et opéra par cette découverte une révolution complète en chimie. Le tribunal révolutionnaire le fit périr sur l'échafaud, et il demanda en vain un délai de quelques jours pour achever des expériences utiles à l'humanité.

La décomposition de métaux alcalins, à l'aide de la pile de *Volta*, les nombreuses recherches de tous les chimistes modernes et la théorie des atomes ont ouvert à la chimie une ère toute nouvelle et l'ont établie sur des bases désormais inébranlables.

On nomme *cohésion* la force qui unit les particules matérielles dans leur état solide. La chaleur détruit cette cohésion en faisant passer les corps de l'état solide à l'état liquide, et de celui-ci à l'état gazeux. L'*affinité*, au contraire, provoque la réunion ou combinaison d'atomes de diverses natures et c'est à elle qu'on doit toutes les merveilles de la chimie. Si des atomes identiques viennent à se réunir, ils formeront un *corps simple*; mais si plusieurs espèces d'atomes se combinent d'une manière intime, il en résultera un *corps composé*.

Parmi les corps simples, outre les *métaux*, dont nous avons déjà parlé, il faut signaler les *métalloïdes*, qui ne jouissent pas de la propriété des métaux, mais qui en ont d'autres très utiles à l'industrie et aux arts. On compte

quatorze métalloïdes, dont voici l'histoire intéressante en quelques mots.

L'*iode*, découvert en 1811 par Courtois se
trouve dans les plantes marine, dont on l'extrait en lessivant la cendre des fucus, et en
chauffant cette eau, dite de *varech*, avec un
excès d'acide sulfurique : il se dégage des
vapeurs violettes, qui sont de l'iode, et qu'on
purifie avec de l'eau, contenant un peu de potasse. C'est un remède contre le goître et bien
d'autres maladies.

Le *brome*, qui se trouve dans les eaux marines, est un liquide d'un rouge brun, d'une
saveur très forte et d'une odeur très pénétrante.
Comme il est très actif, on l'emploie dans la
préparation des plaques de photographie.

Le *chlore* ne se rencontre dans la nature
qu'en combinaison avec les métaux ou les sels.
Les volcans exhalent des vapeurs formées de la
combinaison du chlore avec l'hydrogène. Le
chlore est un gaz jaune verdâtre qui exerce
une action violente sur l'économie animale,
excite la toux et une sorte de strangulation. On
peut le combattre en avalant un morceau de
sucre trempé dans de l'esprit de vin. Ce gaz
peut être recueilli dans des vases secs parfaitement bouchés ; on peut encore le conduire

dans des bocaux pleins d'eau ; si au lieu d'eau
pureon emploie de l'eau contenant de la chaux,
on obtiendra le *chlorure de chaux*, employé
pour le blanchiment des toiles et purifier les
lieux malsains ; si au lieu de chaux, on a mis
de la potasse, on obtiendra l'*eau de javelle*. En
chauffant le chlorure de chaux avec de l'alcool,
on obtient le *chloroforme*, qui produit l'insensibilité pour les opérations de chirurgie.
Une bouteille de verre blanc remplie par moitié
de chlore et d'hydrogène, vole en éclats, sous
l'influence de la lumière solaire, tant est grande
l'affinité du chlore pour l'hydrogène. C'est cette
propriété qui fait que le chlore détruit les
matières colorantes et odorantes et qu'il est
si utile dans les arts. Grâce au chlorure de
soude, des plaies hideuses sont redevenues,
en moins de 24 heures, vermeilles et de bonne
nature.

Le *fluor* se trouve combiné dans la pierre
qu'on nomme *chaux fluatée* en minéralogie.
L'*acide fluorique*, liquide blanc d'une odeur
très forte, d'une saveur insupportable est le
plus corrosif des corps. On profite de la faculté
qu'il a de ronger le verre même, pour graver
au moyen de sa vapeur.

Le *tellure* est un solide brillant, très cassant, lamelleux et blanc; il bout et se volatise, quoiqu'il soit un peu moins fusible que le plomb.

Le *sélénium* est solide, d'un aspect plombé, fusible au-delà de 100 degrés. Il se ramollit au feu comme la cire, et se tire en longs filaments.

Tout le monde connaît le *soufre*. Solide, jaune et fragile à 108 degrés, il devient liquide entre 110 à 140 degrés, mais il commence à s'épaissir vers 160 et ne coule plus du tout entre 220 et 260 degrés; sa couleur est alors d'un brun rouge; enfin de 250 degrés jusqu'au terme de l'ébullition, il se liquéfie un peu. Si alors on le refroidit subitement, en le coulant dans l'eau froide, il reste mou, tandis qu'il devient cassant si on le laissent refroidir lentement. En brûlant dans l'air, le soufre engendre le gaz acide sulfureux. C'est par distillation qu'on l'extrait des terrains volcaniques. L'exploitation des solfatares est des plus simples. On enlève le soufre et on le fait fondre, soit dans les fosses, soit dans des pots, afin de le débarasser des matières terreuses qui le salissent et qui tombent au fond. On obtient ainsi le soufre brut qu'on purifie ensuite en le volatilisant et en condensant sa vapeur, dans de grandes chambres froides, sur les parois desquelles elle va se déposer en fleurs. On peut aussi fondre le soufre et le couler dans des moules en bois, sous la forme de bâtons, appelés *canons*. Le soufre sert à un grand nombre d'usages, notamment à la fabrication des allumettes, au moulage, à la fabrication de l'huile de vitriol dit acide sulfurique, et de la poudre à canon ; on l'emploi aussi en médecine pour guérir les maladies de la peau.

Le *phosphore* est solide, mou, odorant comme l'ail et l'arsénic, transparent translucide ou noir, suivant qu'il se solidifie lentement ou subitement dans l'eau. Mais la propriété la plus caractérisque du phosphore est de répandre une lueur lorsqu'il est exposé à l'air, où il se consume lentement. Chauffé ou simplement frotté, il s'allume et donne une vapeur blanche et épaisse, qui est de l'*acide phosphorique*, qui peut devenir solide à son tour, puis se volatiliser par la chaleur. C'est à la production naturelle d'*hydrogène phosphoré* qu'il faut attribuer ces flammes livides qui voltigent pendant la nuit sur le sol des cimetières et dans les lieux marécageux : on l'appelle alors *feu follet*. Comme les os contiennent du phosphore, ainsi que le cerveau et les nerfs, ces matières décomposées par l'humidité, laissent dégager l'hydrogène et le phosphore qui se combinent et prennent feu au contact de l'air.

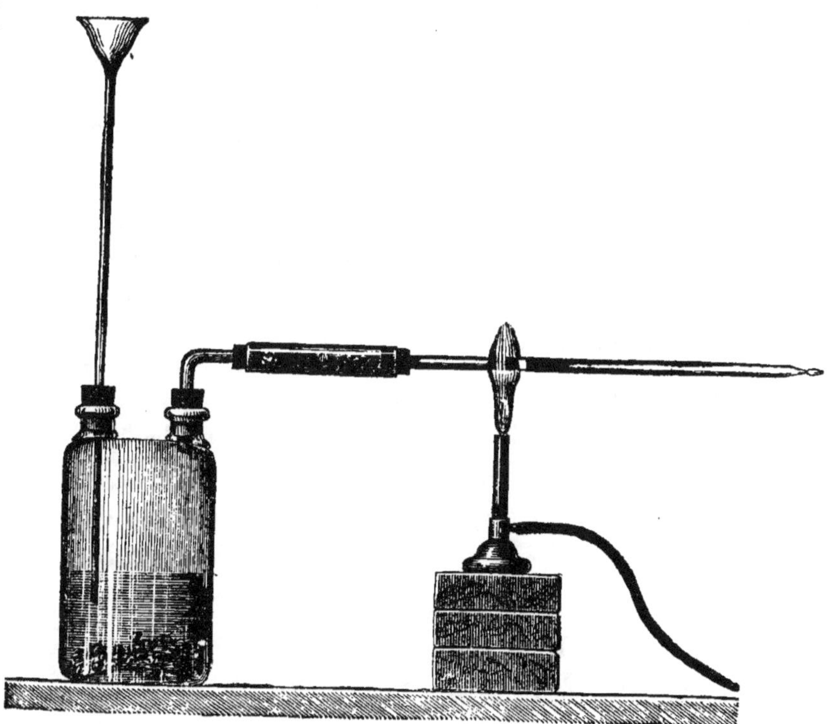

Appareil de Marsh pour l'arsenic.

L'arsénic est gris d'acier, fragile ; il se sublime sans se fondre et cristallise en tétraèdres ; c'est un poison très subtil ainsi que tous ses composés.

Le *carbone* est le nom que les chimistes modernes on donné au charbon pur, qui est le résidu ordinaire de la combustion des substances végétales et animales qu'on a chauffées à *l'abri de l'air*. Ainsi obtenu, le charbon a de précieuses propriétés : il est noir, très poreux, capable d'absorber les gaz en les condensant dans ses pores, de purifier l'eau corrompue et de clarifier les liquides, en enlevant, soit leurs couleurs, soit les matières pulvérulentes qui s'y trouvent suspendues. Le charbon se trouve dans le sein de la terre à l'état de houille, d'anthracite, de lignite ; nous en avons déjà parlé.

Le *jais*, employé dans les parures de deuil, est un lignite compacte. Ce qu'il y a de plus remarquable, c'est que la plus dure des substances minérales, le *diamant*, n'est que du carbone pur cristallisé ; en effet, on est parvenu à brûler cette pierre précieuse, et l'on a obtenu, comme avec le charbon ordinaire, de l'acide carbonique.

Ce dernier, composé de carbone et d'oxygène, se dégage naturellement de quelques terrains volcaniques. Ce dégagement à l'air libre offre peu d'inconvénients ; mais lorsque ce gaz, qui est asphyxiant, se trouve accumulé dans les cavités souterraines ou dans des mines, il faut de grande précautions pour y pénétrer. Si la chandelle pâlit et à plus forte raison si elle s'éteint, il est essentiel, avant de descendre, de renouveler l'air et d'y répandre de l'eau de chaux ou de l'ammoniaque, qui absorbent l'acide carbonique. Ce gaz se dissout et forme l'*eau de seltz ;* c'est encore lui qui se dégage des *vins mousseux* de Champagne : il est produit alors par la fermentation. On le rend liquide par une forte pression et solide par le froid ; dans ce dernier cas, il est blanc comme de la neige. Mêlé à l'éther, il donne un froid de près de 100 degrés au-dessous de zéro et forme les *réfrigérants*, dont nous avons déjà parlé ; mis en contact avec la peau, il y produit le même effet de désorganisation qu'une brûlure. L'air qu'on a respiré sort avec un peu d'acide carbonique provenant du carbone du sang combiné avec l'oxygène, et c'est comme nous l'avons vu la cause principale de la chaleur animale. Les parties vertes des plantes, les feuilles surtout, décomposent l'acide carbonique de l'air en s'emparant de son carbone et en mettant en liberté son oxygène ; ce qui explique la fraîcheur et la pureté de l'air des forêts.

Le *bore* est solide, sans saveur ni odeur, brun-verdâtre et pulvérulent, infusible. On l'extrait par la calcination de l'acide borique mêlé de potassium.

Le *silicium*, pulvérulent, brun-jaunâtre, infusible, s'obtient en calcinant un mélange de potassium et de fluorure double. Sa combinaison avec l'oxygène forme la *silice* ou le *quartz*, très répandu dans la nature, en combinaison avec l'alumine et formant avec elle les terres argileuses mêlées d'oxyde de fer et de carbonate de chaux, ainsi qu'un grand nombre de pierres. A l'état de pureté plus ou moins grande, la *silice* constitue le sable, les cailloux, la pierre à fusil, et les différentes qualités de quartz ou de silex. Le cristal de roche est de la silice cristallisée et parfaitement pure. La silice est employée dans la fabrication du verre, des poteries et des pierres précieuses artificielles.

Le *quartz* est le nom minéralogique que porte la silice à l'état cristallin. Il est ordinairement limpide (*cristal de roche*), parfois il est coloré en violet (*améthyste*), ou en bleu (*saphir d'eau*), en jaune ou en rosé (*fausse topaze*). La silice dissoute par l'eau ou par le feu, puis solidifiée trop vite pour cristalliser d'une manière régulière, se prend en masses plus ou moins translucides et forme toutes les variétés *d'a-gates*, colorées en rouge (*cornaline*), en orange ou brun (*sardoine*), en vert (*héliotrope*). Les

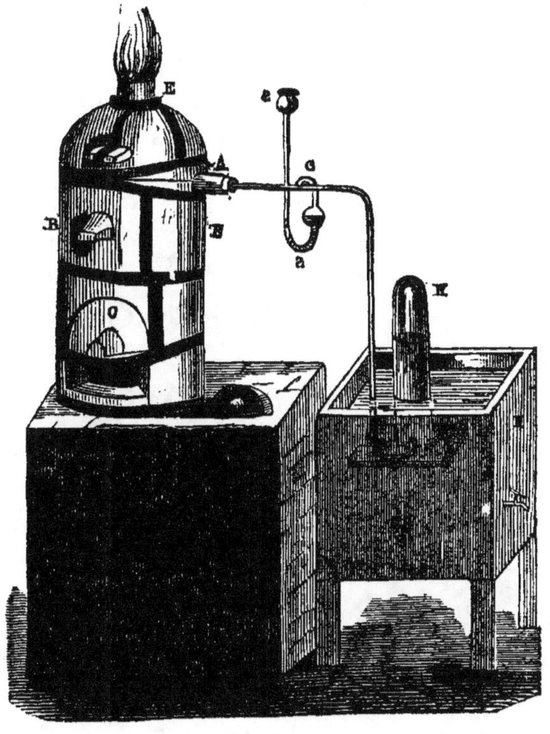

Préparation de l'oxygène.

cristaux de quartz forment encore des *grès* plus ou moins tenaces, diversement colorés et à grains plus ou moins fins. Le *silex* est le dernier échelon des quartz ; puis viennent les jaspes, avec un quart d'argile et un centième de fer oxydé, qui sont opaques ou de couleurs très variées. Le *tripoli* est aussi une matière siliceuse, colorée par l'ocre, que l'on trouve en Auvergne et en Bretagne, et qui sert au polissage des métaux. L'argile à porcelaine, le kaolin des Chinois, qui contient : alumine 39, silice 50, eau 9, se rencontre fréquemment dans les pays à montagnes granitiques. C'est en France qu'on trouve les plus beaux kaolins : à Cambo, près Bayonne; à Saint Yrieix, près Limoges; dans les environs de Cherbourg et d'Alençon

L'oxygène et *l'azote* dont nous avons parlé ci-devant, complètent l'histoire des quatorze métalloïdes, les seuls connus jusqu'à ce jour, et qu'on partage en quatre groupes, en tenant compte de leur affinité pour l'hydrogène : *iode, brome, chlore, fluor* ; — *tellure, sélénium, soufre, oxygène*; — *azote, phosphore, arsénic* ; — *carbone, bore, silicium.*

Quant aux autres *corps simples*, je veux dire les métaux, nous ne pouvons pas ici en entreprendre l'histoire. On en comptait 25 environ au commencement du siècle; on en compte aujourd'hui 45, dont les plus utiles sont : le *sodium*, le *potassium*, qui forment la soude et la potasse, si connues dans le commerce; le *calcium*, qui forme la chaux et les pierres calcaires et toutes les pierres à bâtir; *l'aluminium*, qui forme les terres argileuses, et qu'on extrait de l'alumine, laquelle constitue à l'état cristallisé le *corindon*, le *rubis*, la *topaze*, le *saphir* et *l'émeri*; le *magnésium*, gris de fer, et formant la *magnésie*, substance blanche, dont le sulfate est amer et purgatif; le *manganèse*, métal gris blanc, cassant, dur et d'un faible éclat, dont le *peroxyde* est employé dans les verreries pour détruire la couleur jaunâtre de certains verres; le *fer*, dont on tire la fonte et l'acier; le *nickel*, presque aussi magnétique que le fer, métal blanc grisâtre, dur susceptible de prendre du poli; le *cobalt*, d'un gris rougeâtre, plus fusible que le fer, dont les sels s'emploient pour colorer en bleu les porcelaines et le verre; le *zinc*, que tout le monde connaît et qu'on voit sur tous les toits sert aussi à faire le blanc de zinc pour la peinture à l'huile; le *chrome*, de la couleur de l'étain, dont les combinaisons sont remarquables par leur belle coloration; *l'étain*, si connu pour l'étamage des ustensiles de cuisine; *l'antimoine*, d'un blanc bleuâtre, brillant, qui forme *l'émétique*, vomitif puissant qu'on emploie aussi comme mordant dans les ateliers d'indienne; le *bismuth*, dit *étain de glace*, blanc, très fusible, qui produit avec le mercure l'étamage des glaces; le *plomb* et le *cuivre*, dont l'usage est si populaire; le *mercure*, si utile par sa fluidité pour les baromètres et les thermomètres; le *platine*, le plus dur et le moins fusible des métaux, qu'on met en creusets pour fondre les autre métaux; enfin *l'or* et *l'argent*, cause, de tous les malheurs des peuples civilisés.

Il faudrait plusieurs volumes pour décrire tous les corps composés que la chimie et la nature peuvent former avec tous les métaux. Nous ne dirons qu'un mot des deux premiers, qui forment la *soude* et la *potasse*. La première qui est blanche se trouve dans plusieurs plantes marines, comme les algues et les fucus, dont les cendres sont connues sous le nom de *vareck*. Combinée à chaud avec les huiles, la soude forme la base des savons; et ses combinaisons avec le chlore forment le sel marins et le sel gemme.

La potasse, qu'on obtient comme la soude en lessivant les cendres et en évaporant la liqueur, est blanche, fusible et très soluble dans l'eau. Le *nitrate de potasse* ou *salpêtre* se trouve dans les Indes, à la surface du sol, et en Europe dans certains lieux humides comme les caves. Il entre pour 75 pour cent dans la poudre à canon avec 25 pour cent de soufre et de charbon. Un mélange de chlorate de potasse et de soufre détonne par la percussion ; on en fait des allumettes.

Les phénomènes chimiques sont nombreux comme les étoiles du ciel, et pour s'orienter dans ce champ si vaste et si fertile, il est bon de retenir quelques définitions, qui seront mieux goûtées et mieux comprises ici qu'au commencement de ce chapitre. Après la pratique, la théorie ; mais une théorie concise et populaire.

Les corps simples, unis à l'oxygène, forment des *oxydes*, qu'on distingue en *acides* dans les combinaison des métaux ; enfin en *corps neutres*, qui, comme les deux premiers, n'ont pas une tendance à se combiner pour former des *sels*.

Suivant les degrés d'oxydation, les oxydes se nomment protoxyde, bioxyde, trioxyde de fer ; et le degré le plus élevé peroxyde.

Les acides reçoivent la terminaison *eux* et *ique* : acide sulfureux et acide sulfurique, le second renfermant plus d'oxygène que le premier; *hypo* sulfureux, *hypo* sulfurique marque le degré inférieur.

L'acide en *eux* donne un sel en *ite;* et l'acide en *ique* donne un sel en *ate*. Le *sulfate* de potasse est un sel formé d'acide sulfurique

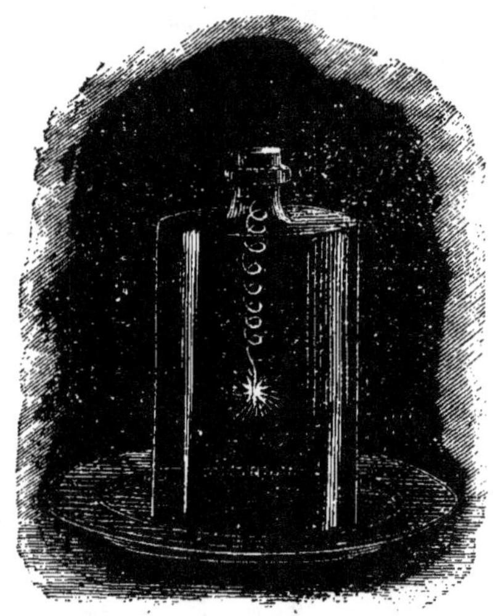

Combustion du fer dans l'oxygène.

et de potasse. Un atome d'acide avec un atome d'oxyde base, forme un *sel neutre;* s'il y a deux atomes d'acide, c'est un *bisel;* tandis qu'avec deux atomes de base, c'est un sous-sel.

Un dernier mot, et j'ai fini ma théorie. On dit *sulfure* de carbone pour indiquer une combinaison de soufre et de charbon, donnant la terminaison *ure* au premier mot si le composé est solide ou liquide; mais si le composé est gazeux, on donne au second mot la terminaison *é*, comme dans *l'hydrogène carboné*, ou *phosphoré*.

Si vous aimez la chimie, la science la plus utile ici-bas et peut-être la seule que nous cultiverons là-haut, relisez ce chapitre, que vous comprendrez maintenant un peu mieux.

Je continue donc et je répète que tout est chimie dans l'univers physique; tout est fermentation et circulation. La mort même n'arrête pas ce mouvement, car elle n'est qu'une décomposition des substances organiques végétales ou animales. Cette fermentation n'est pas le résultat immédiat de la cessation de la vie; mais elle est due à la présence de l'oxygène de l'air et au contact de l'eau. En effet, si la substance se dessèche ou se gèle, elle se conserve.

Les produits de la fermention sont ordinairement, pour les substances végétales, de l'hydrogène, de l'azote, de l'acide carbonique, de l'hydrogène carboné, de l'eau, de l'acide acétique et une substance noire dans laquelle le charbon prédomine : c'est le *terreau* qui sert d'engrais.

Le tannage et les embaumements sont aussi

un moyen de conservation. On peut conserver les fruits dans l'alcool ou le vinaigre ; le sel conserve la viande bien desséchée ; mais la meilleure méthode pour conserver la bonté et la fraîcheur de ces aliments, c'est de les renfermer dans des boîtes soudées, qui les mettent à l'abri de l'air et de l'eau, surtout si on a tenu ces boîtes dans l'eau bouillante, dont la chaleur fixe intérieurement l'oxygène

Les fonctions des êtres vivants se composent d'actions en partie mécaniques et en partie chimiques ; mais cette distinction n'est fondée que sur l'imperfection de nos organes et de nos moyens d'observation.

Dans la nature inorganique, les phénomènes ne dépendent que des affinités chimiques et de l'arrangement des molécules. Dans la nature organique on donne le nom de *forces vitales* à celles qui produisent les phénomènes qu'on ne peut expliquer. Les parties organisées sont nécessairement solides, et les parties organiques sont fluides.

L'analyse des corps organiques nous a appris qu'ils sont composés d'oxygène, d'hydrogène, de carbone et d'azote, combinés avec plus ou moins de silice, d'alumine, de sel marin, de soufre, de phosphore, de phosphate et de carbonate de chaux, et de quelques oxydes métalliques.

Les substances qui existent dans les corps organisés à un état de combinaison définie, prennent le nom de matières immédiates. La séparation de ces substances est le point le plus difficile; pour y parvenir, on emploie quelques dissolvants, tels que l'eau, l'alcool, l'éther, et quelquefois des alcalis et des acides étendus pour qu'ils n'altèrent pas les combinaisons qu'il s'agit d'examiner; car une fois les matières organiques décomposées, il est impossible de les recomposer parce qu'à l'exception du carbone, les éléments de la nature organique sont gazeux, et que pour opérer l'union de ces gaz avec le charbon, il faudrait les prendre à l'état naissant. C'est dans l'acte de la végétation et de la nutrition que la nature crée tous ces produits organiques, qui ne diffèrent que par les proportions des parties constituantes, et que la chimie imitera peut-être un jour, tandis qu'il est absurde de supposer qu'elle réussisse jamais à former des corps organisés.

On connaît déjà plusieurs acides et alcalis organiques.

L'*acide oxalique* se trouve dans plusieurs

plantes, combiné avec la potasse, la soude ou la chaux. On l'extrait surtout du rumex. En exprimant le jus de la plante on a le *sel d'oseille* (oxalate de potasse). Quant aux usages de l'acide oxalique, il sert en teinture, comme *rongeur*, pour détruire le mordant sur les parties de l'étoffe qui doivent rester blanches. On l'emploie encore à nettoyer les vases de cuivre et à enlever les taches d'encre, les oxalates de fer et de cuivre étant solubles.

L'*acide acétique* se trouve dans la sève de presque toutes les plantes. On le retire par la distillation du bois qui sert à faire le charbon : c'est l'acide pyroligneux ou *vinaigre de bois*, dont l'acétate d'alumine sert de mordant sur le rouge dans la teinture des toiles

L'*acide tartrique*, qui provient de la *crème de tartre*, substance solide qui se dépose pendant la fermentation du vin, forme aussi des tartrates qui servent de mordant à la teinture, ou qui sont employés comme purgatifs sous le nom de *sel de seignette*.

L'*acide tannique* se trouve surtout dans l'écorce de chêne et dans la noix de galle. Les peaux, gonflées par la chaux caustique, l'absorbent rapidement et deviennent *cuirs*.

Quant aux *alcalis organiques*, on les trouve

dans certaines plantes, combinés avec des acides organiques. La plupart sont solides, quelques-uns liquides ou volatils. Pris en petite quantité, ils servent de médicaments; mais ils sont de violents poisons, pris au-delà de certaines doses. La morphine, la narcotine et la codéine se retirent de l'opium; la quinine et la cinchonine, de l'écorce de quinquina. Tous ces alcalis végétaux sont formés de carbone, d'azote, d'hydrogène et d'oxygène. Le plus précieux est la *quinine,* qu'on emploie en sulfate comme fébrifuge.

Vus au microscope, tous les tissus des plantes sont disposés en cellules de formes très diverses, de consistance plus ou moins dure.

Toutes ces cellules paraissent être formées d'une seule et même matière gommeuse, combinée avec des proportions diverses de substances minérales qui, par la combustion, donnent les cendres du végétal. La composition chimique de cette matière celluleuse, abstraction faite des cendres, serait : carbone 12, hydrogène 10, oxygène 10. Le bois est le dernier degré d'organisation des matières celluleuses. Ici, les cellules ont pris toute leur extension et leurs cendres sont alors composées de potasse,

de soude, de chaux, de magnésie, de silice,
d'oxydes de fer, de manganèse, combinés soit
entre eux, soit avec les acides carbonique, sulfurique ou phosphorique. Mais on ignore véritablement dans quel état se trouvent ces matières
en combinaison avec la substance végétale. Le

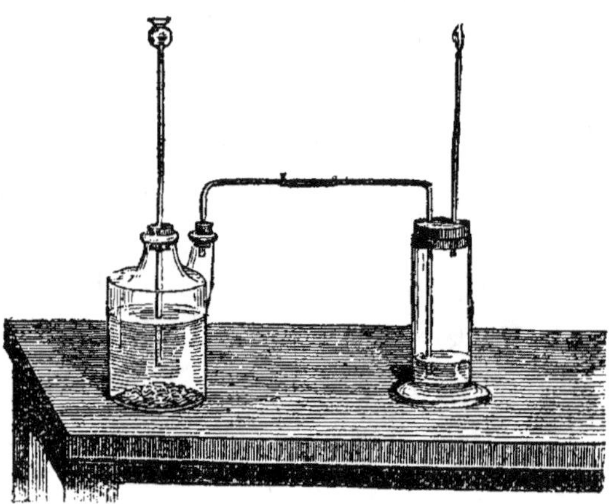

Hydrogène rendu éclairant.

bois coupé est une espèce de cadavre qui s'altère aussi par une espèce de fermentation lente :
c'est pourquoi on les enduit de goudron, de
peinture, pour les préserver de l'humidité.

Mais une des plus curieuses métamorphoses
de la sève, c'est de produire plusieurs couleurs dans le suc des plantes. Les teintures en

jaune se font par la gaude, le quercitron, le *morus tinctoria* des Antilles et l'orpiment ; on obtient les teintures en *rouge*, par la garance, le bois de Brésil, par les fleurs du carthame, et par l'hématine qu'on tire dubois de campêche. Les teintures *bleues* se font par les feuilles de l'indigo, et par le tournesol. La teinture en *noir* se fait au moyen d'un composé de protoxyde de fer et de tannin. La couleur prend toutes les nuances, depuis le gris le plus clair jusqu'au violet le plus foncé.

Outre les couleurs inimitables des fleurs et des fruits, par quelle mystérieuse combinaison la sève produit-elle toutes ces huiles grasses, comme le sang produit aussi les graisses et les suifs ?

Les graisses et les huiles grasses diffèrent par le point de liquéfaction. En général, les graisses se figent aux températures ordinaires et ne se liquéfient qu'à des températures plus ou moins élevées. Les diverses huiles, toutes plus légères que l'eau, restent généralement fluides. Les principales espèces employées dans le commerce, sont les suivantes : l'huile d'olive, qui sert d'aliment ; l'huile d'amande douce, employée en pharmacie ; l'huile de faîne, extraite des graines du hêtre, employée comme l'huile d'olive ; l'huile de colza, employée dans l'éclairage et dans la fabrication des savons verts ; l'huile de ricin, purgative et résineuse ; l'huile de lin, employée dans la peinture, pour les vernis gras et pour faire l'encre des imprimeurs ; l'huile d'œillette ou de pavot, bon aliment et excellente pour l'éclairage ; l'huile de noix, aussi utile que la précédente ; l'huile de chènevis, qui sert dans la peinture, pour l'éclairage et la savonnerie ; l'huile ou beurre de cacao, employée en pharmacie.

Il est inutile d'ajouter que les graisses s'obtiennent par la fusion, tandis que les huiles sont extraites des végétaux par trituration ou compression.

Toutes ces huiles grasses, sont dites *fixes* par opposition aux huiles volatiles dites *essences*, qu'on extrait des plantes aromatiques par la distillation avec de l'eau à 100 degrés. La principale de ces huiles, c'est la *térébenthine*, employée en médecine et dans la préparation des *vernis*, qui ne sont autre chose que des dissolutions de matières résineuses dans un liquide volatil. C'est ainsi qu'on dissout le copal, la laque, la colophane, la résine, le succin, dans les huiles de lin, de térébenthine, ou dans l'alcool et l'éther, en y ajoutant quel-

que matière colorante, comme la gomme-gutte,
l'aloès, le safran.

Les graisses et les huiles fixes se combinent
avec les alcalis, et forment ce qu'on appelle des
savons. On emploie ordinairement l'huile d'o-
live et la soude. On commence par faire des
dissolutions plus ou moins concentrées de
soude, dont on enlève l'acide carbonique par la
chaux. On décante ces dissolutions. On met la
plus faible dans une chaudière, on la chauffe,
puis on y ajoute alternativement de l'huile et
les dissolutions alcalines faibles. On finit par
y mettre une dissolution concentrée : alors le
savon paraît à la surface du liquide. On le colore en gris par des substances étrangères, telles que les sels de fer et d'alumine ; pour précipiter ceux-ci, on verse dans le liquide une
dissolution de soude caustique. Si l'on veut
faire des marbrures, on ajoute de l'eau. On
coule ensuite dans des moules. On considère
les savons comme de véritables sels, à base
de potasse et de soude, ces bases étant saturées
par des acides gras. Les savons à base de potasse sont mous ; on peut les transformer en savons à base de soude, en les faisant bouillir
dans une dissolution de sel marin. Les savons
se dissolvent dans l'alcool ; en les faisant éva-

porer, on obtient un savon demi-transparent, nommé *essence de savon*.

Nous n'en finirions pas si nous voulions énumérer tous les phénomènes que la chimie produit sur les matières brutes ou organisées. Nous avons dit, au début, que tout circule, tout fermente dans le monde, mais qu'est-ce que c'est que la *fermentation ?*

Transvasement des gaz.

C'est le mouvement spontané dans lequel entre une matière organique, et duquel résultent des substances différentes de celle où s'est manifestée cette action. On distingue plusieurs sortes de fermentations : la fermentation *alcoolique* ou vineuse,dans laquelle un moût sucré devient spiritueux, en laissant dégager de l'acide carbonique ; la fermentation *acide*, où l'oxygène de l'air passe à l'état de gaz acide carbonique, en portant l'alcool à l'état de vinaigre ; la fermentation *putride*, que nous avons déjà examinée, par laquelle un corps d'origine végétale ou animale, après avoir passé par diverses phases, se trouve transformé en définitive, en eau et en acide carbonique, et si la matière est azotée, en plusieurs autres produits gazeux ; enfin, la fermentation *panaire*, qui n'est que la réunion des fermentations alcoolique et acide.

Lorsqu'on met un peu de farine de blé sous un filet d'eau qui entraîne la fécule, il reste dans la main une substance élastique et gluante : c'est le *gluten*, qui forme les parois des cellules où sont renfermés les grains de fécule, et dont la présence est une cause des plus efficaces pour engendrer la fermentation. Lorsque la pâte fermente, le gluten, formant un réseau extensible, retient en grande partie l'acide carbonique, qui soulève ainsi la masse et la rend légère et poreuse ; quand ensuite la cuisson la solidifie, cette pâte reste spongieuse et fournit un bon pain. Dans cette opération, la pâte développe une odeur alcoolique et ensuite acide, et si on la laissait longtemps dans les mêmes conditions, elle finirait par éprouver une décomposition : on la met donc au four lorsqu'elle est seulement gonflée et bien acide.

Dans la fabrication du vin, lorsqu'il y a plusieurs cuves en fermentation dans un même local, l'acide carbonique pourrait vicier l'air au point d'asphyxier les ouvriers, s'ils n'avaient pas, quelques minutes avant d'entrer, la précaution d'ouvrir les portes, qu'on laisse en général fermées pour obtenir une fermentation prompte et égale. Pour régler cette fermentation, il faut *fouler* la vendange lorsque le chapeau est formé. On appelle *chapeau*, dans ce sens, la masse compacte qui se forme à la surface de la cuve et qui comprend tout ce qui n'est pas le jus du raisin ; cette masse, au contact de l'air, passerait bientôt à la fermentation acide, si on ne l'enfonçait pas de temps en temps, et la cuvée serait perdue. D'un autre côté, c'est dans les pellicules des raisins que réside la substance résineuse qui colore le vin, et cette résine ne peut être dissoute que lorsque la fermentation a transformé en alcool le sucre contenu dans le raisin. On connaît qu'il est temps de décuver, à l'affaissement du chapeau qui indique la fin de la fermentation tumultueuse. Le moût a pris alors une saveur piquante, austère ; sa saveur sucrée a complètement disparu.

Tous les jus extraits de fruits sucrés peuvent entrer directement en fermentation, puisqu'ils sont en présence de téguments végétaux ; mais il faut le contact de l'air, car dans le vide, la fermentation n'a pas lieu. On peut même arrêter la fermentation alcoolique en faisant intervenir un corps avide d'oxygène, tel que l'acide sulfureux.

L'alcool est le dissolvant des résines, des huiles essentielles et de certains corps gras. Mêlé à de la neige, l'alcool produit un froid de 30 degrés. Ces propriétés appartiennent à l'alcool sans eau (*anhydre*) ou très concentré. On l'obtient d'abord fort étendu d'eau, et pour le concentrer, il faut le distiller plusieurs fois ; car sa vapeur ayant plus de tension que celle de l'eau, chaque nouvelle distillation le sépare d'une certaine quantité de ce liquide.

Dans l'alcool que l'on boit et qu'on nomme *eau-de-vie*, il y a environ moitié d'alcool et moitié d'eau : c'est du 19 degrés à l'aréomètre Cartier. Les *trois-six* marquent 36 degrés. Pour obtenir l'alcool sans eau, on met de la chaux dans le trois-six et au bout de 24 heures, la chaux retient l'eau, et l'alcool passe seul.

Pendant longtemps, on a cru que l'alcool ne pouvait être produit que par des liqueurs sucrées ; mais on a vu ensuite que toutes les céréales, qui contiennent de la fécule, et même le bois, pouvaient éprouver la fermentation alcoolique, après avoir subi l'espèce de fermentation qui les transforme en sucre incristallisable.

L'alcool se transforme en acide acétique ou *vinaigre* sous l'influence de l'oxygène et d'un ferment. A l'époque, où la confection du vinaigre est devenue un art soumis à des lois, on avait déjà remarqué qu'il fallait plusieurs conditions pour déterminer la fermentation acéteuse et obtenir un résultat parfait. La première est le contact de l'air extérieur ; il s'agit pour la seconde d'une température de 18 à 20 degrés ; la troisième consiste dans l'addition de matières qui jouent le rôle de levain : lies de tous les vins, tartres, rejetons de vignes, rafles de raisins, de groseilles, levain de froment ou levure de bière, enfin toutes substances animales et leurs débris.

Depuis que la nature du vinaigre a été mieux connue, on est parvenu à en obtenir d'excellent avec une foule de matières autres que le *vin*, et dans lesquelles on ne soupçonnait pas auparavant l'existence de principes propres à former un acide comparable au vinaigre de vin pour les propriétés économiques. On en fait maintenant avec le *poiré*, le *cidre*, la *bière*, l'*hydromel*, le *lait* et plusieurs semences des graminées ou des lamineuses. Grâce au progrès de la chimie, nous sommes aujourd'hui en état de multiplier à volonté le nombre des acides de ce genre et de les faire de bonne qualité.

Tel est l'ensemble des phénomènes chimiques qui se présentent tous les jours dans les arts et dans la nature ; mais pour nous faire une idée plus complète des métamorphoses de la matière, il faut encore examiner le mouvement et la vie universelle en général.

III

La puissance de la création ne s'est montrée nulle part avec autant de pompe et de profusion que dans l'immense domaine des productions vivantes. Dans les matières brutes, elle a prodigué les masses et les distances, en leur donnant des lois immuables mais violentes, qui agissent dans les abîmes des cieux comme dans les profondeurs de la terre : lois de mouvement, d'attraction, d'affinités, effets de chaleur et d'électricité pour pénétrer la matière impénétrable, donner une espèce de *vie terrienne* à la matière inerte, et faciliter les combinaisons de toutes les substances brutes, inaltérables dans leur essence, et dont les métamorphoses sont amenées par des causes étrangères à elles-mêmes. Un atome de fer ou de soufre resterait toujours le même jusqu'à la fin des siècles, si rien d'extérieur ne sollicitait un changement dans ses qualités par sa combinaison avec d'autres atomes. L'être brut est fixe, ses forces sont régulières, prévues, limitées; elles ont une invariabilité qui tient à leur nature simple et élémentaire. Les lois chimiques suffisent pour expliquer les phénomènes divers que présentent les corps bruts, parce que leurs actions ne sont jamais (ou presque jamais, car la nature se plaît à poser des limites à la science), contrariées par un *principe vital* également actif et changeant.

La nature a travaillé dans le *règne organisé* sur un plan différent de celui de la matière brute et inanimée; ici tout est soumis à une cause intérieure d'action, qui modifie les propriétés des masses organiques; ici les molécules de chaque *corps* ne sont point indépendantes, elles ne subsistent point par elles-mêmes; mais elles ne vivent que par rapport au tout, elles ne sont rien sans l'ensemble, elles se détruisent d'elles-mêmes quand on les en sépare; elles n'ont qu'une existence corrélative ; tout tient à tout ; le corps *vivant* n'est qu'un assemblage d'harmonie, un cercle où tout s'enchaîne, où les rapports sont réciproques et continuels.

Tout corps *organisé*, c'est-à-dire dont le tissu est composé de fibres et de vaisseaux, jouit de la vie tant qu'il n'est point altéré dans sa conformation et ses organes. Il est impossible de séparer de l'organisation les propriétés vitales, et lors même que la mort a frappé les animaux et les végétaux, quelques rayons de vitalité brillent encore dans leur tissu non décomposé ; les feuilles sèches, les peaux, les fibres d'un *corps* mort sont encore susceptibles de se resserrer, de se crisper, de se mouvoir, de s'agiter, lorsqu'on leur applique de violents stimulants, tels que le feu ; ou de se relâcher, de s'étendre par l'eau chaude, les délayant. Ces propriétés ne sont pas seulement mécaniques, comme on se l'est faussement imaginé, puisqu'on ne voit rien de semblable dans les masses brutes et toujours inanimées.

Il semble donc que la vie et l'organisation soient une même chose, puisque l'une ne peut jamais exister indépendamment de l'autre, et qu'elles sont constamment en raison directe de leur perfection ; car les êtres les mieux organisés ont aussi une vie plus énergique et plus développée.

Mais, pour bien faire ressortir tous les phénomènes qui distinguent les *corps vivants* et par conséquent *organisés*, considérons un moment combien les matières minérales en sont indépendantes. Quand il n'y aurait eu sur la terre aucune plante et aucun animal, comme aux premiers jours du monde, selon toute apparence, le globe en aurait-il moins subsisté? aurait-il moins circulé dans son orbite elliptique autour du soleil? aurait - il moins rempli son rôle dans la grande scène de l'univers? La terre, il est vrai, dépouillée de sa verdure et de sa beauté, eût roulé silencieusement dans les cieux ; stérile et sauvage, son aspect aride et dépeuplé, ses éternelles solitudes eussent été inutiles et épouvantables ; l'écho n'eût jamais résonné du doux chant des oiseaux ; l'antre n'eût point récelé l'ours ou la panthère ; les vallées ne se seraient jamais émaillées de fleurs ou revêtues de verdure ; la rose n'eût point embelli la roche solitaire de son feuillage et de sa fleur ; le narcisse ne se fût jamais admiré dans l'onde de la fontaine, et la cîme des forêts n'eût pas ondoyé sous l'haleine des vents : tout serait désert, affreux, inanimé ; la vue se fatiguerait sur l'aride solitude ; rien ne vivrait, rien n'offrirait le spectacle de l'activité, de l'amour, de l'abondance et de la fertilité ; la mort serait partout ; partout impuissance de vivre, insensibilité, tristesse et destruction.

Toutes ces considérations témoignent que nous ne sommes que les parasites de la terre, qu'elle peut exister indépendamment de nous, et que notre vie ne tient qu'à un état susceptible de modifications et de changements que la suite des siècles peut amener, soit en dérangeant l'orbite de la terre, soit en l'éloignant ou la rapprochant du soleil, soit en la bouleversant, l'inondant, ou l'embrasant par l'approche ou le choc de quelque comète. Nous passons dans l'espace de quelques années ; les générations se perdent dans la nuit des siècles, de sorte que nous ne connaissons que la moindre partie des temps écoulés ; nous ne voyons pas les extrémités des choses, nous n'apercevons que le milieu où nous nous trouvons ; quelques siècles sont pour nous l'antiquité ou la postérité ; mais ce n'est qu'un point pour la nature.

Les *corps organisés* ne sont donc pas indépendants dans le système de l'univers ; ils sont subordonnés au tout, et leur vie est relative à une foule de combinaisons et de modifications qui leur sont extérieures ; cette vie est coexistante aux matières brutes, dont elle semble dédaigner les lois. Ainsi, rien n'est unique et libre dans la nature ; tout s'influence mutuellement ; tout s'enchaîne et s'engrène de telle sorte, que pour connaître un seul être il faut consulter tous ses rapports avec l'univers, et tous ceux de chaque être avec lui, ce qui fait que la matière ne peut jamais être connue dans tous ses attributs et dans toutes ses nuances.

Toutefois, ce qui distingue les êtres vivants des masses inanimées, est un ensemble de caractères assez remarquables pour qu'on puisse tracer entr'eux une ligne immuable de démarcation. Le premier attribut est celui de *l'organisation*, c'est à dire d'un assemblage de molécules disposées dans un ordre régulier, différent de la simple agrégation et de la cristallisation ; ordre qui constitue des fibres, des vaisseaux, et un appareil de pièces diverses, liées entr'elles, et concourant à des fonctions déterminées. Toute organisation se compose de substances liquides et de solides ; celles-ci sont tirées des premières, qui existent dans une action perpétuelle et réciproque les unes sur les

autres pendant la vie, qui réparent continuellement et modifient sans relâche l'être vivant.
Au contraire, tout minéral est solide, la liqui-
dité est étrangère à son essence ; ses formes
sont abruptes, indéterminées ou cristallines ;
ses molécules sont agrégées, mais indépendantes dans leur propre nature, et invariables par elles-mêmes ; c'est pour cela que les
analyses chimiques des minéraux sont l'expres-
sion exacte de la nature de ces *corps*, de sorte
qu'elles peuvent les recomposer par la syn-
thèse ; tandis que toutes les analyses chimiques des *corps organisés* sont fausses, et qu'il
est absolument impossible de réformer ceux
qu'on a détruits. Le moindre chimiste peut
analyser et refaire une mine d'antimoine, un
oxyde de mercure ; mais quelle force humaine pourrait jamais faire revivre l'arbre
qu'on a brûlé ?

S'il est vrai que la vie ne soit conservée que
par l'aliment tiré des matières organisées, il
faut nécessairement que les *corps animés* se
détruisent entr'eux, pour vivre tour à tour,
parce que les *corps morts* ne suffisent pas
pour remplir ce besoin. L'animal carnassier vit des animaux, et ceux-ci dévorent les
végétaux ; enfin ces derniers se réparent des

végétaux détruits. Ainsi la destruction est le fondement de la réparation; la mort de l'un fait la vie de l'autre. Il s'établit donc un cercle éternel de renouvellement et de mort où la matière change incessamment de forme, active ou passive, animante ou animée; la constance des espèces émane de l'inconstance des individus. Cette circulation, cette perpétuelle oscillation entre la vie et la mort, fut peut-être le fondement physique de cet ancien dogme des deux principes qui se disputent l'empire du monde, le bien et le mal, *ormuz* et *ahrimane*, que les Indiens, les Manichéens, et d'autres grandes sectes religieuses ont longtemps conservé dans le sein de l'Asie.

La mobilité de la nature vivante est le fondement de sa constance : elle n'a pas voulu qu'il existât un être inutile dans l'univers. Cette mousse, ce ver qui vous paraissent sans usage, tiennent à d'autres espèces, ils servent à leur nourriture; eux-mêmes vivifient la matière morte, ils tiennent leur place comme l'homme et l'éléphant; ils sont égaux aux plus puissants des êtres, car la nature, agissant par des lois générales et invariables, n'admet aucune prérogative. Il fallait que chaque chose fût nécessaire, puisqu'elle s'est donné la peine de la créer. L'animal carnassier suppose d'autres animaux, comme ceux-ci supposent les plantes. La nature a voulu que chaque être eût sa

fonction à remplir sur la terre; que ses lois fussent entendues au sein de l'océan et dans les entrailles des continents, comme dans le vague des airs; il n'est pas permis de s'y sous-

traire sans être puni de mort. La nature cherche la vie, lors même qu'elle semble donner
la mort, car nous avons vu que celle-ci était le
soutien de la vie. Les animaux carnivores, les
plantes parasites qui semblent augmenter le
domaine de la mort, ne le font que pour donner de nouvelles vies ; la déprédation des insectes, les brigandages des quadrupèdes féro-
ces, les attaques des oiseaux de proie, les guer-
res éternelles des poissons, et parmi les végétaux, ceux qui croissent aux dépens des autres,
ne font que transformer la matière vivante sans
lui ôter la vie.

Lorsque nous considérons les êtres vivants
qui peuplent le monde, et ce concours éternel
de vie, de reproduction et de mort, nous sommes frappés de la puissance de la nature.
Nous voyons avec effroi les âges entraîner avec
eux toutes les existences pour renouveler l'u-
nivers. Les temps passé ne sont plus qu'un
vain songe pour nous. Combien de rois confon-
dus aujourd'hui dans la terre avec les derniers des hommes ! Voyez ces princes des peuples ; ils semblent s'élever jusqu'aux cieux : le
temps passe ; voilà le colosse brisé, et le pau-
vre cherche en vain ses débris dans les lieux
qu'il remplissait autrefois de sa gloire.

Telle est la loi de Celui qui règne dans les cieux, loi qui renouvelle et détruit, et dont les siècles sont les ministres. Depuis l'homme jusqu'au moucheron, depuis le chêne jusqu'à la mousse, tout naît et périt tour à tour; on n'achète l'existence qu'à ce prix. Les corps organisés sont les seuls qui doivent mourir, parce qu'ils sont les seuls qui puissent vivre, car les minéraux, n'étant pas organisés, sont privés de la faculté de vivre.

Le principe vivifiant, source commune de tout ce qui respire, est une émanation de la divinité; il n'est point de l'essence de la matière, puisque la mort le sépare d'elle; il repasse dans de nouveaux corps et circule sans cesse dans toute la nature; mais les corps organisés sont, pour ainsi dire, des foyers où cette puissance divine s'est concentrée, tandis que les masses brutes ne sont pourvues que de qualités plus générales et de forces mécaniques ou chimiques.

Cependant, nous voyons qu'il s'élève un germe de vie, depuis la masse informe de terre jusqu'au champignon, du champignon jusqu'au chêne, et depuis le ver de terre jusqu'à l'espèce humaine. Cette âme de la matière semble germer dans plusieurs minéraux, se perfectionner peu à peu dans les végétaux, et s'exalter par nuances dans toute la série des animaux jusqu'à l'homme, qui en est comme la fleur, la portion la plus délicate et la plus subtile.

L'ensemble de la matière est donc séparé en deux grands règnes, qui embrassent tous les êtres connus dans l'univers ; la *matière brute*, qui est la base du globe terrestre ; les fossiles, l'eau et l'air ; les *corps organisés*, qui sont les végétaux et les animaux. La première, toujours inanimée, n'obéit qu'aux impulsions physiques et chimiques, et aux forces mécaniques généralement répandues dans l'univers. Le second règne, toujours animé, doué d'une force vive, est composé d'êtres qui tous naissent, se nourrissent, s'accroissent, et meurent tour à tour. La pierre du temps du déluge subsiste encore aujourd'hui ; elle a traversé les siècles et persévéré dans l'éternelle immobilité de sa nature. L'animal et la plante se succèdent sans cesse, comme au sein de l'Océan le flot remplace le flot, l'onde pousse l'onde, qu'une autre pousse à son tour. Le moment présent n'est qu'un point entre deux abîmes, celui du passé et celui de l'avenir, au milieu de l'océan des âges. Le minéral ne connaît ni passé, ni présent, ni avenir ; c'est le contemporain de tous les siècles. Ne pouvant pas vivre, comment pourrait-il mourir ? Tant que des forces étrangères ne viennent point altérer sa forme et son essence, il demeure toujours le même ; chacune de ses parties est indépendante du tout, elle peut subsister par elle-même, et n'a point d'individualité. La matière vivante, au contraire, est composée de parties correspondantes entr'elles, et qui ne subsistent point séparément. Le corps organisé est un tout individuel dont l'existence est bornée, et dont la durée est la seule mesure des temps. Les principes de son existence et les germes de sa destruction, sont en lui-même ; le minéral n'a point de principes individuels d'existence ; il ne subsiste que par les forces générales de la matière brute ; tous ses changements, toutes ses altérations n'émanent point de lui-même, mais dépendent des puissances circonvoisines dont il est perpétuellement entouré.

La matière inanimée, les corps organisés, sont ainsi un éternel théâtre de vicissitudes ; tout change, tout périt, tout s'altère, et tout renaît dans l'ample sein de la nature. Ce ne sont pas des créations nouvelles de matière qu'on voit naître, briller et s'éteindre successivement dans la scène du monde ; ce sont de perpétuelles transformations et des changements de figures. La matière demeure la même, au fond, mais elle est tourmentée de mille manières par de secrets ressorts; elle

est remuée en tous sens, tantôt déchirée de combats intérieurs dans ses entrailles, tantôt organisée par des principes de concorde entre ses diverses substances.

A l'origine des mondes, lorsque la matière, vierge encore, parut pour la première fois dans le sein des espaces, sortant des mains de son Créateur, elle fût demeurée immobile et éparse au milieu de l'univers, si la main toute puissante qui l'avait fait naître, ne l'eût empreinte des semences de vie et des principes d'attraction qui lafécondent sans cesse. Cette âme intérieure des mondes est la nature ; force toujours active, toujours constante dans ses changements, toujours obéissante aux lois immuables du Créateur qui lui donna l'empire de l'univers physique, et qui se réserva seul les droits de la toute-puissance.

La matière, ou ce grand assemblage de corps qui composent l'univers, est donc un mélange multiplié de divers principes, dont la nature est fixe, invariable. Ce sont des *éléments* qui entrent dans la composition des différents corps. Les anciens en admettaient quatre : le feu, l'air, l'eau et la terre ; mais, depuis que les observations des hommes ont fait reconnaître que ces substances étaient encore composées de diverses matières plus simples, le nombre des éléments a paru plus considérable ; et ce que nous considérons aujourd'hui comme élémentaire, n'est peut-être qu'une preuve de notre insuffisance pour en séparer d'autres éléments primitifs. La nature enferme, dans ses profonds replis le mystère de ses opérations ; l'homme n'en voit que l'écorce. Observateur passager d'une puissance éternelle, il n'en peut pas reconnaître tous les immenses ressorts, au milieu de ces renouvellements et de ces révolutions de la scène du monde.

En contemplant, dans la nature, les deux ordres de matières qu'elle a formés, les substances brutes et les corps organisés, on y reconnaît deux espèces de forces qui sont particulières à chacun des règnes. La matière inanimée est mue par la puissance de l'*attraction*, qui est de deux sortes. Tantôt elle s'exerce sur de grandes masses et à des distances éloignées, comme le soleil qui attire la lune et tous les corps sublunaires vers son centre ; tantôt elle s'opère sur les plus petites parties des corps à de très faibles distances. La première est un phénomène général de toute substance matérielle ; c'est la *pesanteur* ou l'*attraction planétaire*. La seconde est un phénomène particulier à chaque substance, et qui agit d'après des lois spéciales ; c'est l'*affinité chimique* ou l'*attraction moléculaire*. L'une appartient à tous les corps de la nature en général, l'autre est seulement appropriée à chaque

genre déterminé de matières brutes, indépendamment de la force précédente. Ainsi, dans
un métal, une pierre, un fossile quelconque,
il y a deux ordres d'attraction : Celle par laquelle ces corps gravitent vers le centre de la
terre; c'est leur force de pesanteur ; celle par
laquelle ce métal, cette pierre, ce fossile, peuvent se combiner avec certains corps, et refuser
de s'unir à d'autres ; c'est leur affinité chimique. Par exemple, le mercure ou vif-argent
s'amalgame bien avec l'or, et refuse de s'allier
au fer. L'huile et l'eau ne se mêlent point immédiatement ensemble, tandis que l'huile s'u-
nit fort bien au suif, et l'eau avec le vin. Tous
les corps de la nature ont ainsi des amitiés et
des inimitiés particulières, c'est à dire des affinités déterminées.

Dans les corps organisés, nous observons de
même une force principale qu'on appelle la *vie*,
et qui doit se distinguer aussi en deux espèces.
Premièrement, la vie générale des animaux
et des plantes, qui consiste dans l'organisation
et la nutrition intérieure. Secondement, la vie
particulière, qui est celle des individus, soit végétaux, soit animaux ; elle consiste dans les
fonctions appropriées à chaque espèce, comme
la faculté de sentir, de se mouvoir, l'instinct,

le sommeil, les habitudes, les besoins, les épo-
ques de leur durée et celle de leur mort. La vie
générale correspond, dans les corps organisés,
à l'attraction planétaire dans la matière inanimée ; et la vie particulière des premiers, à
l'affinité moléculaire ou chimique de cette dernière. La force vitale est, pour l'organisation,
ce que la pesanteur est pour la matière ; et les
attractions chimiques sont pour les différents
genres de substances, ce que la vitalité individuelle est à chaque espèce de corps organisés.

De même que l'attraction chimique et moléculaire paraît émaner de l'attraction universelle et planétaire, ainsi la vie individuelle
prend sa source dans le grand réservoir de la
vie générale organique.

Tout *organe* est destiné à une fin, ou plutôt
c'est pour parvenir à ses fins que la nature
a créé des *organes*, comme l'ouvrier qui pré-
pare un instrument pour venir à bout de son
ouvrage. L'*organe* est ainsi un instrument de
la vie, soit végétale, soit animale.

Il y a des êtres vivants qui semblent dé-
pourvus de tout *organe*, comme les polypes
d'eau douce cependant ils en ont ; leurs filaments ou tentacules sont des *organes*, des bras
flexibles avec lesquels ils atteignent leurs ali-

ments ; leur estomac ou sac digestif est un *organe*, et quoique leur corps semble n'être composé que d'un mucilage transparent, quoi-

qu'on n'y découvre, au microscope même, **ni** vaisseaux, ni fibres, ni nerfs, ni os, cependant ces animaux peuvent se nourrir, se **mouvoir** à volonté ; ils ont donc des *organes*, mais leur diaphanéité les empêche d'être aperçus.

Comment trouverez-vous des *organes* dans la *truffe* qui est un végétal vivant ? Sans contredit elle en a. Voyez ses fibres, les mailles et les nombreux canaux de son tissu, les pores par lesquels elle pompe dans la terre le suc qui la nourrit ; considérez sa peau rugueuse et les grains rougeâtres qui parsèment sa substance intérieure, ceux-ci sont les rudiments, les graines d'autant de petites truffes qui ont été organisées par la truffe-mère, qui reçoivent d'elle la vie, l'aliment, l'accroissement. Comment pourrait-elle se nourrir, s'assimiler des corps étrangers, sans avoir des *organes* pour remplir toutes ces fonctions ? Il est donc incontestable que la truffe, comme l'arbre, le polype comme l'homme, sont organisés relativement au genre de vie qui leur est assigné par la nature.

La pierre la mieux configurée, la matière flexible de l'*amiante*, de l'*asbeste*, disposée en fibres parallèles, n'est pas organisée, car toutes ces formes n'ont pas de fonction déterminée, d'usage particulier ; cette matière ne peut pas transformer en sa propre nature des corps étrangers ; elle ne vit pas, ne se nourrit pas ;

elle n'a aucun accroissement proprement dit ;
mais elle peut être augmentée par l'accession
ou l'agrégation extérieure d'une matière quelconque. Des naturalistes ont donc eu tort de
regarder la pierre fibreuse comme un passage,
un échelon qui rapproche le règne minéral des
corps organisés. Il y a une barrière insurmon-
table qui les séparera toujours. La matière fait
ici un saut, et lorsqu'on a dit qu'elle n'en fai-
sait aucun, qu'elle passait d'un être à un autre
par des nuances successives et imperceptibles,
cette vérité, si bien démontrée de nos jours,
n'existe que dans chacun des deux règnes qui
la partagent. Par exemple, il y a une chaîne
non interrompue depuis le premier des animaux jusqu'à la dernière des plantes. Ensuite
il existe une interruption marquée pour entrer
de là dans le règne minéral ; mais on trouve
dans celui-ci une autre chaîne de gradations
successives, qui ne sont cependant pas aussi
bien prononcées que dans le règne des corps
organisés.

Quelle est cette puissance inconnue dans
son essence, qui organise, qui meut, qui répare et perpétue les innombrables créatures
qui peuplent la terre et qui embellissent les
différents domaines de la nature? C'est la *vie*,

cet être fugitif que nous n'apercevons que dans ses effets, que nous ne pouvons pas imiter, qui fuit sous le scalpel curieux, et qui échappe même à l'œil attentif de la pensée. Ici cesse l'empire de la matière : ici le naturaliste qui contemple la structure des productions organisées, qui rassemble leurs cadavres immobiles dans son cabinet ou son herbier, qui ne voit rien que des figures inanimées, des débris que le temps dissout lentement, ne peut admirer les causes profondes qui ont été les semences de leur *vie*, de leur organisation, de leurs habitudes, et de tout ce qui les distingue des masses informes de la terre. Ce n'est point l'étude de la conformation bizarre de certains animaux, des formes multipliées des plantes, ni même ces brillantes apparences des êtres créés, qui fait la véritable science ; c'est la connaissance de la *vie* et des mœurs, des allures, des mouvements, de la nutrition et des diverses fonctions des productions organisées, qui est la véritable base de l'histoire naturelle. Voilà la science sublime qui ne s'apprend ni dans les cabinets et les magasins où sont entassés des êtres morts, dégradés, insensibles, ni même dans les livres ; voilà celle qui charme le contemplateur, de la plus pure et de la plus douce volupté qui puisse entrer dans le cœur de l'homme simple. Qu'importent ces brillants amas de cadavres empaillés, ces postures forcées, cctte froide et insignifiante immobilité qu'on va visiter dans les Musées? Ce n'est pas ainsi qu'est la nature. Est-on bien avancé pour connaître la configuration extérieure d'un animal rare, d'une plante curieuse? Quel fruit, quelle conséquence en tirera-t-on? Comment devinerez-vous les usages merveilleux de cet organe grossier que vous daignez regarder à peine? Les reflets brillants des ailes d'un papillon, les vives couleurs d'un oiseau, l'émail des· fleurs, éblouissent la vue sans pénétrer l'âme, sans la nourrir de ces grandes et ravissantes vérités qu'on trouve dans la contemplation des êtres vivants. C'est ici la seule étude digne d'une âme noble et sensée; c'est ainsi qu'il est beau de s'élever, par de hautes conceptions, aux mystères les plus profonds de la nature, et à cet Etre des êtres dont la main toute puissante verse sur le monde des trésors inépuisables de *vie* et de perfection.

On ne peut pas refuser la prérogative de la *vie* aux plantes, car elles en ont une véritable, puisqu'elles sont organisées, qu'elles se nourrissent, s'accroissent, se perpétuent et meurent. Comment pourrait-on mourir, en effet, si l'on n'avait pas de *vie*?

Mais qu'est-ce que la *vie*? Quel est ce principe qui anime les êtres organisés ? Est-ce une espèce d'âme ? Oui, sans doute, la *vie* ou l'*âme physique* est la même chose dans la plante comme dans l'animal. Le vulgaire se représente l'âme ou le principe vital du corps organisé sous la forme d'un corps, tandis que ce n'est en effet qu'un ensemble de fonctions et de forces. Dira-t-on, par exemple, que la force qui fait tomber cette pierre, est un corps particulier qui l'attire vers le centre de la terre? Non, ce n'est que l'action d'une loi de la nature. Il en est de même de la *vie;* elle n'est que le résultat des fonctions dont la nature a chargé chaque créature organisée.

Cependant, nous ne connaissons que le produit des fonctions vitales, sans pouvoir pénétrer l'essence même de la force qui les met en jeu, et cette force se mêle à toutes les actions des corps organisés, de telle sorte qu'elles en sont sans cesse modifiées. Bien différentes des matières brutes, les productions animées suivent des lois particulières de mouvement, et leur état n'est jamais invariable et régulier comme dans les premières. Tant qu'un être vit, il marche sans cesse vers sa destruction ; il s'accroît, il diminue, il se nourrit, se répare, se renouvelle et périt. Il change sans cesser d'être le même, et cette *vie* qui le maintient, qui le conserve, finit et l'abandonne à la mort. A peine la *vie* a-t-elle quitté le corps, que celui-ci se corrompt, se putréfie, se sépare en molécules qui vont nourrir de nouveaux corps vivants. C'est ainsi que la matière organisée circule d'êtres en êtres ; qu'après avoir servi à un principe vital, elle retourne à un autre, et passe incessamment de la mort à la *vie*. Nous sommes donc des foyers, des centres momentanés de matière organique, des ombres passagères, des figures fugitives d'un même moule ; nous rasemblons un instant des molécules organisées pour les disperser ensuite, et la nature immobile et éternelle nous voit passer comme ces nuages légers que les vents transportent au loin dans le vague de airs, tantôt rassemblés, et bientôt écartés pour toujours.

La *vie* peut être passive et cachée dans un être, par exemple dans les graines des plantes, avant leur germination, dans les œufs des oiseaux, des reptiles, des insectes, dans la plante et l'animal engourdis par le froid de l'hiver. Alors il n'existe pas de mouvement sensible; il y a une interruption, un sommeil profond; l'organisation n'est point altérée; c'est, pour ainsi dire, une horloge dont le ressort n'est pas tendu, mais qui peut se remonter d'elle-même dans des circonstances favorables.

Au contraire, la *vie* active déploie sans relâche tous ses ressorts ; elle met en jeu les solides et les fluides qui composent tout corps organisé. Ceux-ci n'entrent en mouvement que par l'action des solides qui reçoivent plus immédiatement l'impulsion vitale ; car la *vie* exige un mouvement continuel, soit de réparation, soit de destruction. Pour cet objet, il y a des humeurs qui sont les agents perpétuels de ces deux grandes fonctions organiques. Les premières réparent les organes qui se détruisent, et les secondes rejettent, repoussent au-dehors les molécules usées des organes. Les unes sont donc des ministres de *vie*, et les autres des ministres de *mort*.

Les humeurs vivifiantes possèdent nécessairement les éléments de la *vie*. Comment le sang qui renouvelle des organes vieillis, qui ranime les membres mourants, n'aurait-il pas des germes de *vie ?* Tout est animé dans un corps plein de *vie ;* chaque partie est douée de sa portion d'âme pour exécuter ses fonctions ; chacune forme un enchaînement, un système dépendant de l'ensemble ; chaque organe a sa vitalité propre, sa nutrition, son assimilation, subordonnées au tout, comme dans un état bien constitué chaque homme a ses droits propres, mais unis aux droits communs de la nation, et les uns ne peuvent exister indépendamment des autres.

Les humeurs inanimées d'un corps animé sont incessamment rejetées au-dehors, comme le mucus du nez, l'urine dans les animaux, et la transpiration par les feuilles, les écorces, les glandes dans les plantes. Ce qui est inanimé ne reste point dans le système vivant : la *vie* est incompatible avec la *mort*.

En général, la *vie* éprouve de continuelles variations. Elle en a trois générales : la première est la jeunesse, pendant laquelle elle est faible, mais augmente chaque jour ; la deuxième est l'âge fait, qui est le temps de la plus grande activité vitale ; et la troisième est l'état de vieillesse, qui est un affaiblissement graduel de la *vie*. Ces variations existent successivement dans tous les corps organisés ; mais il en est d'autres purement individuelles qui dépendent du sexe, des tempéraments ou constitutions, et des maladies. Tous ces changements dans la force et la durée de la *vie*, n'empêchent jamais l'action des causes générales qui font vivre et mourir toute créature animée.

On peut partager la *vie* des êtres organisés suivant la généralité des fonctions qu'elle exerce. C'est ainsi que plus une fonction vitale sera répandue dans le système des corps animés, plus elle sera essentielle et fondamentale pour leur existence. Il est évident, par exemple, que la *vie intellectuelle* n'est pas indispensable aux êtres organisés, puisqu'il n'y a que l'homme qui en soit pourvu. Tout le reste des productions animées qui en est privé, n'en existe pas moins parfaitement, et les hommes idiots n'ont pas une force vitale moins énergique que les hommes du plus grand génie et de la plus sublime raison.

De même la *vie sensitive animale* n'est pas essentiellement nécessaire aux êtres, puisque lesplantes vivent sans en être douées, et les animaux eux-mêmes ne jouissent de cette *vie sensitive* que par intervalles. C'est ainsi que l'animal qui dortn'a plus la *vie sensitive;* il ne jouit pas actuellement de sa sensibilité, il n'a plus de relations avec les êtres qui l'entourent, il ne sent plus. La sensation n'est donc pas l'essence de la *vie fondamentale* et *universelle*.

Quelle est donc cette *vie primitive?* C'est la *vie* de *végétation*; la seule qui préside à l'organisation, à l'assimilation, à la perpétuité des espèces. En effet, toute plante, tout animal, quels qu'ils soient, tout être organisé enfin jouit de cette *vie végétative*, et en exerce toutes les fonctions. Depuis l'homme jusqu'au polype, depuis l'arbre jusqu'à la moisissure, tout est rempli de ce principe vital qui suffit pour organiser, accroître et renouveler les êtres.

Mais comment un corps pourvu d'organes si ingénieusement conformés, serait-il le résultat du hasard aveugle et de la désorganisation? Comment la *vie*, l'instinct, le sentiment, sortiraient-ils du sein de la mort? Il suffit de dire ici que les insectes qu'on voit éclore dans la viande pourrie, le fromage, sont produits par les œufs des mouches déposés par elles dans ces matières, afin que le ver ou larve qui sort de ces œufs y trouve son aliment, et puisse enfin se transformer en mouche semblable à celle qui l'a produite.

Cependant cette *vitalité organisatrice* ne peut demeurer inactive; elle a besoin d'organiser. Il est donc nécessaire qu'un nouveau genre de fonctions lui apporte des corps étrangers, pour les assimiler à la nature de chaque organe; c'est l'ouvrage de la *vie nutritive* qui est toujours simultanée à la *vie primitive*, qui la soutient constamment, et qui semble n'en être qu'une dépendance, une véritable émanation. Cette *vie nutritive* choisit les substances capables d'alimenter, c'est à dire susceptibles de s'organiser, et rejette toutes les autres. Ce choix est l'une des plus admirables facultés de l'être vivant; car la plante sait, de même que l'animal, prendre ce qui lui convient, et rejeter ce qui lui est nuisible. Par exemple, ses racines ne pompent point certaines liqueurs dans lesquelles on les trempe, tandis qu'elles sucent avidement des sucs plus appropriés à leur nature, ou riches en molécules nutritives; il serait impossible de rendre raison de cette prédilection inconnue, par des causes purement mécaniques; on est donc forcé de recourir à la puissance de l'instinct, qui n'est autre chose qu'une sorte de *faim* dirigée et éclairée par l'organisation.

Après cette *vie* universelle et fondamentale, existent des *vies* sur-ajoutées qui sont seulement partielles dans le système des corps organisés, et qui n'ont même qu'une durée intermittente et des forces irrégulières. Ces *vies* plus extérieures et moins radicales ne se trouvent dans aucun des végétaux, mais elles sont uniquement affectées aux animaux, et servent de caractères pour séparer ces deux grandes branches des êtres organisés; ce sont donc des *vies* seulement animales. En effet, nous avons nommé *vie végétative* la *vie* radicale de toute organisation divisée en deux fonctions qui se trouvent dans chaque être vivante sans exception; nous appellerons *vie sensitive* celle qui distingue les corps des animaux, parce que, si la première sert à faire végéter ou organiser les êtres, la seconde est uniquement destinée à leur donner la sensibilité, caractère principal du règne animal.

La *vie sensitive* ou *animale* est ainsi celle qui donne aux êtres la perception des objets qui les environnent, qui produit chez eux les phénomènes du mouvement, et par conséquent de la volonté; car il est évident que pour agir ou se mouvoir, il faut vouloir quelque chose. Or, pour vouloir, il faut nécessairement connaître, et il n'y a point de connaissance sans la perception; mais cette dernière est le seul résultat de la sensibilité. On aperçoit donc ici la chaîne de gradation qui lie tous ces objets à l'action de la *vie sensitive* ou *nerveuse*. Ce sont en effet les nerfs seuls qui sont le fondement de cette *vie*, aussi se trouvent-ils uniquement dans le règne animal. La *vie sensitive* a ses moments d'interruption et de repos ; elle n'est pas toujours en action comme la *vie végétative*, mais elle se lasse et s'use, de manière qu'elle a besoin d'un temps d'inaction pour se réparer, sans que la *vie végétative* cesse ses fonctions. Voilà la cause du sommeil et du repos des animaux. Leur *vie sensitive* dort et se répare.

Puis vient le domaine de la raison ou la *vie intellectuelle* qui tire notre existence du simple rang de la brute, pour la rendre en quelque manière rivale de la nature, digne d'admirer, de comprendre ses sublimes ouvrages et les merveilles du Créateur ?

Mais existe-il une ligne de démarcation nettement tracée par la nature, entre les corps organisés et les substances minérales ? M. de Saussure a observé sur le Mont-Blanc une singulière substance minérale, et il ne put s'empêcher d'attacher une idée de *végétation* à la manière dont cette substance s'était formée sur les rochers, et qui *semblait croître sur la pierre comme une herbe fine.* On eût dit un *gazon minéral.* L'immortel Tournefort attacha la même idée aux *stalagmites* de la fameuse grotte d'Antiparos. Le *flos-ferri* des Pyrénées présente des rameaux couverts de piquants. Il y a bien l'*animal-plante* (polype); et s'il y a le *végéto-minéral*, ceci prouverait qu'il n'y a pas la moindre solution de continuité dans la chaîne éternelle qui lie tous les êtres et que leurs perpétuelles métamorphoses font partie intégrante du plan providentiel de la création.

FIN

Limoges — Imp. Marc Barbou et Cⁱᵉ